集成电路系列丛书·集成电路设计

基于薄膜集成无源器件技术的微波毫米波芯片设计与仿真

吴永乐　王卫民　于会婷　杨雨豪　孔梦丹　编著

电子工业出版社
Publishing House of Electronics Industry
北京·BEIJING

内 容 简 介

本书主要针对基于薄膜集成无源器件技术的微波毫米波芯片进行设计与仿真，通过具体案例详细介绍平衡带通滤波器、毫米波微带带通滤波器、输入吸收型带阻滤波器、阻抗变换功率分配器、带通滤波 Marchand 巴伦等代表性微波毫米波芯片的从理论、设计、仿真、优化到流片测试的完整过程。

本书适合从事微波毫米波芯片设计及其工程应用的专业技术人员阅读使用，也可作为高等学校电子科学与技术、电磁场与微波技术、电子工程、雷达工程、集成电路等相关专业的教学用书。

未经许可，不得以任何方式复制或抄袭本书之部分或全部内容。
版权所有，侵权必究。

图书在版编目（CIP）数据

基于薄膜集成无源器件技术的微波毫米波芯片设计与仿真/吴永乐等编著. —北京：电子工业出版社，2022.2
（集成电路系列丛书. 集成电路设计）
ISBN 978-7-121-42922-4

Ⅰ. ①基… Ⅱ. ①吴… Ⅲ. ①芯片-设计②芯片-系统仿真 Ⅳ. ①TN402

中国版本图书馆 CIP 数据核字（2022）第 024498 号

责任编辑：张　剑（zhang@phei.com.cn）
印　　刷：河北迅捷佳彩印刷有限公司
装　　订：河北迅捷佳彩印刷有限公司
出版发行：电子工业出版社
　　　　　北京市海淀区万寿路 173 信箱　邮编　100036
开　　本：720×1000　1/16　印张：16.75　字数：338 千字
版　　次：2022 年 2 月第 1 版
印　　次：2023 年 3 月第 2 次印刷
定　　价：108.00 元

凡所购买电子工业出版社图书有缺损问题，请向购买书店调换。若书店售缺，请与本社发行部联系，联系及邮购电话：(010) 88254888，88258888。
质量投诉请发邮件至 zlts@phei.com.cn，盗版侵权举报请发邮件至 dbqq@phei.com.cn。
本书咨询联系方式：zhang@phei.com.cn。

"集成电路系列丛书"编委会

主　编：王阳元

副主编：李树深　　吴汉明　　周子学　　刁石京

　　　　许宁生　　黄　如　　丁文武　　魏少军

　　　　赵海军　　毕克允　　叶甜春　　杨德仁

　　　　郝　跃　　张汝京　　王永文

编委会秘书处

秘 书 长：王永文（兼）

副秘书长：罗正忠　　季明华　　陈春章　　于燮康　　刘九如

秘　　书：曹　健　　蒋乐乐　　徐小海　　唐子立

出版委员会

主　任：刘九如

委　员：赵丽松　　徐　静　　柴　燕　　张　剑

　　　　魏子钧　　牛平月　　刘海艳

"集成电路系列丛书·集成电路设计"编委会

主　　编：魏少军

副 主 编：严晓浪　　程玉华　　时龙兴

责任编委：尹首一

编　　委（按姓氏笔画排序）：

　　　　　　尹首一　　叶　乐　　朱樟明　　任奇伟

　　　　　　刘冬生　　刘伟平　　孙宏滨　　李　强

　　　　　　杨　军　　杨俊祺　　孟建熠　　赵巍胜

　　　　　　韩　军　　韩银和　　曾晓洋

"集成电路系列丛书"主编序言

培根之土 润苗之泉 启智之钥 强国之基

王国维在其《蝶恋花》一词中写道:"最是人间留不住,朱颜辞镜花辞树",这似乎是人世间不可挽回的自然规律。然而,人们还是通过各种手段,借助于各种媒介,留住了人们对时光的记忆,表达了人们对未来的希冀。

图书,尤其是纸版图书,是数量最多、使用最悠久的记录思想和知识的载体。品《诗经》,我们体验了青春萌动;阅《史记》,我们听到了战马嘶鸣;读《论语》,我们学习了哲理思辨;赏《唐诗》,我们领悟了人文风情。

尽管人们现在可以把律动的声像寄驻在胶片、磁带和芯片之中,为人们的感官带来海量信息,但是图书中的文字和图像依然以它特有的魅力,擘画着发展的总纲,记录着胜负的苍黄,展现着感性的豪放,挥洒着理性的张扬,凝聚着色彩的神韵,回荡着音符的铿锵,驰骋着心灵的激越,闪烁着智慧的光芒。

《辞海》中把书籍、期刊、画册、图片等出版物的总称定义为"图书"。通过林林总总的"图书",我们知晓了电子管、晶体管、集成电路的发明,了解了集成电路科学技术、市场、应用的成长历程和发展规律。以这些知识为基础,自 20 世纪 50 年代起,我国集成电路技术和产业的开拓者踏上了筚路蓝缕的征途。进入 21 世纪以来,我国的集成电路产业进入了快速发展的轨道,在基础研究、设计、制造、封装、设备、材料等各个领域均有所建树,部分成果也在世界舞台上拥有一席之地。

为总结昨日经验，描绘今日景象，展望明日梦想，编撰"集成电路系列丛书"（以下简称"丛书"）的构想成为我国广大集成电路科学技术和产业工作者共同的夙愿。

2016 年，"丛书"编委会成立，开始组织全国近 500 名作者为"丛书"的第一部著作《集成电路产业全书》（以下简称《全书》）撰稿。2018 年 9 月 12 日，《全书》首发式在北京人民大会堂举行，《全书》正式进入读者的视野，受到教育界、科研界和产业界的热烈欢迎和一致好评。其后，《全书》英文版 *Handbook of Integrated Circuit Industry* 的编译工作启动，并决定由电子工业出版社和全球最大的科技图书出版机构之一——施普林格（Springer）合作出版发行。

受体量所限，《全书》对于集成电路的产品、生产、经济、市场等，采用了千余字"词条"描述方式，其优点是简洁易懂，便于查询和参考；其不足是因篇幅紧凑，不能对一个专业领域进行全方位和详尽的阐述。而"丛书"中的每一部专著则因不受体量影响，可针对某个专业领域进行深度与广度兼容的、图文并茂的论述。"丛书"与《全书》在满足不同读者需求方面，互补互通，相得益彰。

为更好地组织"丛书"的编撰工作，"丛书"编委会下设了 12 个分卷编委会，分别负责以下分卷：

☆ 集成电路系列丛书·集成电路发展史论和辩证法

☆ 集成电路系列丛书·集成电路产业经济学

☆ 集成电路系列丛书·集成电路产业管理

☆ 集成电路系列丛书·集成电路产业教育和人才培养

☆ 集成电路系列丛书·集成电路发展前沿与基础研究

☆ 集成电路系列丛书·集成电路产品、市场与投资

☆ 集成电路系列丛书·集成电路设计

☆ 集成电路系列丛书·集成电路制造

☆ 集成电路系列丛书·集成电路封装测试

☆ 集成电路系列丛书·集成电路产业专用装备

☆ 集成电路系列丛书·集成电路产业专用材料

☆ 集成电路系列丛书·化合物半导体的研究与应用

2021年，在业界同仁的共同努力下，约有10部"丛书"专著陆续出版发行，献给中国共产党百年华诞。以此为开端，2021年以后，每年都会有纳入"丛书"的专著面世，不断为建设我国集成电路产业的大厦添砖加瓦。到2035年，我们的愿景是，这些新版或再版的专著数量能够达到近百部，成为百花齐放、姹紫嫣红的"丛书"。

在集成电路正在改变人类生产方式和生活方式的今天，集成电路已成为世界大国竞争的重要筹码，在中华民族实现复兴伟业的征途上，集成电路正在肩负着新的、艰巨的历史使命。我们相信，无论是作为"集成电路科学与工程"一级学科的教材，还是作为科研和产业一线工作者的参考书，"丛书"都将成为满足培养人才急需和加速产业建设的"及时雨"和"雪中炭"。

科学技术与产业的发展永无止境。当2049年中国实现第二个百年奋斗目标时，后来人可能在21世纪20年代书写的"丛书"中发现这样或那样的不足，但是，仍会在"丛书"著作的严谨字句中，看到一群为中华民族自立自强做出奉献的前辈们的清晰足迹，感触到他们在质朴立言里涌动的满腔热血，聆听到他们的圆梦之心始终跳动不息的声音。

书籍是学习知识的良师，是传播思想的工具，是积淀文化的载体，是人类进步和文明的重要标志。愿"丛书"永远成为培育我国集成电路科学技术生根的沃土，成为润泽我国集成电路产业发展的甘泉，成为启迪我国集成电路人才智慧的金钥，成为实现我国集成电路产业强国之梦的基因。

编撰"丛书"是浩繁卷帙的工程，观古书中成为典籍者，成书时间跨度逾十年者有之，涉猎门类逾百种者亦不乏其例：

《史记》，西汉司马迁著，130 卷，526500 余字，历经 14 年告成；

《资治通鉴》，北宋司马光著，294 卷，历时 19 年竣稿；

《四库全书》，36300 册，约 8 亿字，清 360 位学者共同编纂，3826 人抄写，耗时 13 年编就；

《梦溪笔谈》，北宋沈括著，30 卷，17 目，凡 609 条，涉及天文、数学、物理、化学、生物等各个门类学科，被评价为"中国科学史上的里程碑"；

《天工开物》，明宋应星著，世界上第一部关于农业和手工业生产的综合性著作，3 卷 18 篇，123 幅插图，被誉为"中国 17 世纪的工艺百科全书"。

这些典籍中无不蕴含着"学贵心悟"的学术精神和"人贵执着"的治学态度。这正是我们这一代人在编撰"丛书"过程中应当永续继承和发扬光大的优秀传统。希望"丛书"全体编委以前人著书之风范为准绳，持之以恒地把"丛书"的编撰工作做到尽善尽美，为丰富我国集成电路的知识宝库不断奉献自己的力量；让学习、求真、探索、创新的"丛书"之风一代一代地传承下去。

王阳元

2021 年 7 月 1 日于北京燕园

前　　言

随着多频多模微波与毫米波并存的通信时代的到来，无论基站侧还是移动终端侧，都对微波毫米波器件的低插损高抑制、小型集成化、批量低成本等提出了新挑战。因此，微波毫米波器件与芯片的理论基础与应用研究成为电子科学与技术领域的热点和难点之一。

目前，针对印制电路板（Printed Circuit Board，PCB）微波毫米波电路与器件的设计仿真，已有很多相关教程或教材可供初学者或工程技术人员参考学习。初学者参考这些教程或教材可以熟悉并掌握微波毫米波电路与器件的基本原理、相关理论，以及相关仿真软件的基本操作。为了让初学者更方便地学习贯通式一体化研究过程，我们团队之前出版了一本《微波射频器件和天线的精细设计与实现》，受到了许多读者的关注。但我们在多年教学与科研工作中发现，不少电子工程专业的读者对射频微波器件的设计与实现仅停留在大尺寸的 PCB 级别上，而对射频芯片级的实际设计与基础理论研究接触偏少。同时我们发现，部分读者一直认为射频芯片设计实现过程十分困难繁杂，产生了畏难心理，从而对射频芯片领域望而却步。根据多年的学习与工作经验，我们认为给初学者提供一本容易学习理解、方便上手操作、贴近实际应用的专业书籍能为解决上述问题提供一种可选的方法。此外，微波毫米波芯片初学者对具有代表性的无源芯片设计与仿真过程的反复模仿和琢磨，是一个必须经历的科研过程，但是每年都有一些初学者期望其导师用专门的时间和精力就这一类似且反复的科研过程进行细致指导，这是费力且低效的。鉴于以上现实情况，作者有了编写本书的原始动力，希望初学者通过学习本书能够消除对射频器件与芯片研究领域的畏惧。

本书以本人课题组内基于薄膜集成无源器件技术的微波毫米波器件与芯片的

最新学术成果作为具体案例，详细展示了微波毫米波器件芯片基础理论与设计实现的连贯衔接式流程，提供了通俗易懂、全面系统的设计与仿真方法，形成了从设计理论、电路仿真、全波电磁仿真到流片测试的完整体系。本书题材代表性强，内容翔实，具有较高的理论价值与实践指导意义。

本书共分 6 章，由吴永乐教授课题组提供创新且实用的芯片设计案例、负责全书结构和内容的策划及调整，王卫民负责全书的统稿。另外，参加本书编写的还有于会婷、杨雨豪和孔梦丹，非常感谢各位作者的辛苦付出。

本书得到了国家自然科学基金创新研究群体项目和北京市杰出青年科学基金项目的部分资助，其最终完稿还要感谢北京邮电大学电子工程学院为我们团队提供的良好工作环境和条件。另外，还要特别感谢多年在科学研究过程中给予自己指导和帮助的各位学术同行，能够有机会诞生与本书相关的原创设计想法和具体案例都离不开各位学术同行的大力支持。

在本书编写过程中，作者参考或引用了 Advanced Design System（ADS）商业软件和 Origin 软件的相关原始技术资料，在此向技术资料的原著者及相关软件公司一并表示由衷的感谢。

由于编写水平有限，书中难免存在疏漏之处，敬请广大读者批评指正。另外，如果读者在阅读本书的过程中有任何疑惑或问题，均可以联系作者（E-mail：wuyongle138@gmail.com）进行探讨。

吴永乐

2021 年 9 月

于北京邮电大学电子工程学院

目　　录

- 第 0 章　绪论 ··· 1
- 第 1 章　平衡带通滤波器的设计与仿真 ··· 4
  - 1.1　平衡滤波器概述 ·· 4
    - 1.1.1　理论基础 ··· 4
    - 1.1.2　基本原理 ··· 5
  - 1.2　平衡带通滤波器原理图 ·· 5
    - 1.2.1　新建工程和仿真电路模型 ·· 6
    - 1.2.2　原理图仿真 ··· 17
  - 1.3　平衡带通滤波器版图 ·· 26
    - 1.3.1　层信息设置 ··· 27
    - 1.3.2　MIM 电容版图 ··· 34
    - 1.3.3　平衡带通滤波器版图设计 ·· 41
    - 1.3.4　版图仿真 ·· 43
- 第 2 章　毫米波微带带通滤波器的设计与仿真 ·· 48
  - 2.1　微带滤波器概述 ··· 48
    - 2.1.1　理论基础 ··· 48
    - 2.1.2　基本原理 ··· 48
  - 2.2　毫米波微带带通滤波器原理图 ··· 49
    - 2.2.1　新建工程和仿真电路模型 ·· 50
    - 2.2.2　原理图仿真 ··· 57
    - 2.2.3　微带线电路模型 ··· 63
    - 2.2.4　仿真目标参数调谐 ·· 71
  - 2.3　毫米波微带带通滤波器版图 ·· 73
    - 2.3.1　层信息设置 ··· 74
    - 2.3.2　毫米波微带带通滤波器版图设计 ··· 80
    - 2.3.3　版图仿真 ·· 84
    - 2.3.4　参数优化 ·· 87

第3章 输入吸收型带阻滤波器的设计与仿真 89
3.1 吸收型带阻滤波器概述 89
3.1.1 理论基础 89
3.1.2 基本原理 89
3.2 输入吸收型带阻滤波器原理图 91
3.2.1 新建工程和仿真电路模型 92
3.2.2 原理图仿真 100
3.3 输入吸收型带阻滤波器版图 106
3.3.1 层信息设置 107
3.3.2 薄膜电阻版图 113
3.3.3 MIM电容版图 119
3.3.4 螺旋电感版图 124
3.3.5 输入吸收型带阻滤波器版图设计 129
3.3.6 版图仿真 130
3.4 芯片测试 132

第4章 阻抗变换功率分配器的设计与仿真 134
4.1 功率分配器概述 134
4.1.1 理论基础 134
4.1.2 基本原理 135
4.2 阻抗变换功率分配器原理图 137
4.2.1 新建工程和仿真电路模型 137
4.2.2 原理图仿真 147
4.3 阻抗变换功率分配器版图 154
4.3.1 层信息设置 155
4.3.2 薄膜电阻版图 161
4.3.3 MIM电容版图 167
4.3.4 螺旋电感版图 171
4.3.5 阻抗变换功率分配器版图设计 177
4.3.6 版图仿真 178
4.4 封装和测试 181
4.4.1 芯片封装 181
4.4.2 芯片测试 182

第 5 章　带通滤波 Marchand 巴伦的设计与仿真 ··· 184
5.1　巴伦概述 ··· 184
5.1.1　理论基础 ··· 184
5.1.2　传统的 Marchand 巴伦 ··· 185
5.2　基于螺旋耦合线的带通滤波 Marchand 巴伦 ··· 186
5.2.1　螺旋耦合线 ··· 186
5.2.2　改进的 Marchand 巴伦 ··· 187
5.2.3　带通滤波 Marchand 巴伦 ··· 187
5.3　带通滤波 Marchand 巴伦原理图 ··· 188
5.3.1　新建工程和仿真电路模型 ··· 188
5.3.2　原理图仿真 ··· 195
5.4　带通滤波 Marchand 巴伦版图 ··· 205
5.4.1　层信息设置 ··· 205
5.4.2　MIM 电容版图 ··· 211
5.4.3　螺旋电感版图 ··· 218
5.4.4　螺旋耦合线版图 ··· 223
5.4.5　带通滤波 Marchand 巴伦版图设计 ··· 228
5.4.6　版图仿真 ··· 230
5.5　封装和测试 ··· 234
5.5.1　芯片封装 ··· 234
5.5.2　芯片测试 ··· 238
5.5.3　数据处理 ··· 240

参考文献 ··· 253

第0章

绪论

1. 集成化技术概述

随着智能移动终端的更新升级,其内部射频毫米波模组变得日益复杂。为了同时保证移动终端的便携性与续航时间,在保证多样化模拟功能的前提下,留给射频器件与芯片的设计空间越来越有限。因此,射频器件与芯片的小型化高性能研究对于未来无线通信的发展具有十分重要的意义。

目前,包括表面贴装器件(Surface Mounted Devices,SMD)、低温共烧陶瓷(Low Temperature Co-fired Ceramics,LTCC)、互补金属氧化物半导体(Complementary Metal Oxide Semiconductor,CMOS)、薄膜集成无源器件(Thin Film Integrated Passive Devices,TFIPD)在内的多种集成化技术都已被广泛用于射频芯片的设计与制造。其中:SMD 技术的生产成本低、制造难度小,但工艺精度有限,且实现的电路尺寸相对较大;LTCC 技术属于厚膜加工工艺,由于采用多层结构,给基板带来了翘曲与裂纹的风险;CMOS 技术主要用于有源芯片的实现;而 TFIPD 技术是一种构造无源微波毫米波芯片的专门化半导体加工工艺,在砷化镓(GaAs)、高阻硅等薄膜衬底材料上采用沉积的方式生长金属层,可以实现微米级工艺精度,能够为芯片内部版图设计提供精细的间距特性和良好的容差控制,且与其他常用技术相比,TFIPD 技术在提升性能指标,提高设计灵活性、集成度、兼容性方面也有较大的优势。因此,本书重点关注采用 TFIPD 技术的微波毫米波芯片设计。

2. 微波毫米波芯片概述

微波毫米波器件与芯片是射频电路与模组中的核心组成部分,具有不可撼动的地位。其中,微波毫米波有源芯片得到广泛关注;而在多频多模智能移动终端中,微波毫米波无源芯片占据空间比较大,其超小型化高性能基础研究显得尤为重要。目前,常用的微波毫米波无源芯片主要包括滤波器、耦合器、移相器、双

（多）工器、功率分配器、巴伦等，它对一路或多路输入射频信号完成特定功能后，再以一路或多路射频信号的形式进行输出。例如，滤波器是将输入射频信号中不需要的特定频率信号衰减掉，而实现所需要频率信号的低损耗传输，完成特定频谱选择功能的；移相器是对输入射频信号进行相位调整，输出指定相位差的射频信号，完成特定频谱相位控制功能的；双（多）工器是将不同频率的射频信号分配到不同分路的，可实现信号的分配或合路，完成不同频率信号双（多）工功能；功率分配器是将一路输入射频信号以相等或不相等的方式分成两路或多路进行输出的，也可将其反过来作为合路器使用，将两路或者多路射频信号合成一路，完成信号幅度的调整功能；巴伦是在平衡电路和不平衡电路之间完成信号类型转换功能的[1-3]。

本书以基于 TFIPD 技术的平衡滤波器、微带滤波器、吸收型滤波器、功率分配器和巴伦 5 种代表性微波毫米波无源芯片为例，阐述其从理论、设计、仿真、优化到流片测试的完整过程。本书用到的仿真软件为 ADS（Advanced Design System），详细展示了如何使用 ADS 仿真软件建立、仿真并优化微波毫米波无源芯片的理想参数仿真模型和相应的全波电磁仿真模型，以达到预期的设计性能指标，最后对完成流片的芯片进行实测并给出测试结果，以验证设计理论和仿真结果。此外，本书还介绍了使用 Origin 软件完成数据绘图的方法，其过程简单易学，绘制的图形简洁美观，可大大提高科研人员或工程师撰写优秀学术论文和专业项目总结的水平。

3．软件简介

【ADS 简介】ADS 软件是安捷伦（Agilent）公司早期推出的电子设计自动化（Electronic Design Automation，EDA）软件，它可以完成器件级、电路级甚至系统级的时域和频域仿真、数/模混合仿真、线性和非线性仿真等。该软件基于矩量法（Method of Moment，MoM）对第三维度进行简化的 2.5D 电磁场仿真器 Momentum，非常适合多层 PCB、无源器件和毫米波集成电路等在第三维度上均匀变化的结构仿真，仿真速度很快，还能保证较高的仿真精度。另外，软件中基于有限元算法（Finite Element Method，FEM）的 3D 电磁场仿真器 FEM，也可以仿真天线等在第三维度上非均匀延展的结构。目前，ADS 软件因其强大的仿真功能，成为学术界和工业界备受欢迎、应用极为广泛的射频 EDA 软件。

本书详细介绍了如何使用 ADS 软件仿真、优化以平衡滤波器、微带滤波器、吸收型滤波器、功率分配器和巴伦为代表的微波毫米波芯片的理想参数仿真模型和相应的全波电磁仿真模型，并演示如何查看这些微波毫米波无源芯片的 S 参数幅度和相位等信息，此外还展示了使用 ADS 的 LineCalc 工具计算分布参数电路实际物理尺寸的方法和步骤。本书使用的 ADS 软件版本为 ADS 2020。若需了解更多关于 ADS 软件的详细信息，请参阅参考文献[4-7]。

【Origin 简介】Origin 软件是由美国 OriginLab 公司研发的一个科学函数绘图软件，其十分简洁的操作界面使得科研人员或工程师可以可视化地进行二维、三维或多图层等图形的绘制。该软件支持多种格式的数据导入，包括 ASCII、Excel、NI TDM 等，同时图形输出格式也多种多样（如 JPEG、GIF、EPS、TIFF 等）。本书在第 5 章以巴伦的仿真和测试结果为例，介绍了 Origin 软件从导入数据、处理数据、绘图美化到图形输出的详细绘图步骤，所使用的 Origin 软件版本为 Origin 2019b。关于 Origin 更多详细的信息请参考文献[8，9]。

4．本书安排

本书的特色是实现了基于 TFIPD 技术的微波毫米波芯片从设计理论分析到使用 ADS 软件进行仿真、优化再到流片测试的全过程，并具体以平衡带通滤波器、毫米波微带带通滤波器、输入吸收型带阻滤波器、阻抗变换功率分配器、带通滤波 Marchand 巴伦为例，详细展示了 5 个颇具代表性的无源芯片的完整设计实现流程。本书介绍的案例均来源于作者课题组发表的学术论文和申请的发明专利，所有案例的其他细节可参考相应的学术论文与发明专利全文。

本书作为一本理论基础与工程实践紧密结合的参考书，不仅提供了原始创新想法，具有较高水平学术价值，而且注重工程实现和实际应用，具备重要实践指导意义。希望读者通过对本书的认真学习和细心模仿，理解并掌握微波毫米波滤波器、功率分配器和巴伦等无源芯片的基本概念、性能指标和理论设计过程，熟悉微波毫米波芯片从设计、仿真、优化到流片测试的完整过程，为以后深入研究、设计创新和独立完成芯片领域工程项目奠定坚实基础；也盼望通过本书的引导，能够消除读者对微波毫米波芯片领域的畏惧，使读者产生兴趣，有志向在该领域取得新成果，从而推动射频芯片行业的蓬勃发展。

第1章

平衡带通滤波器的设计与仿真

滤波器作为关键选频器件，在电路系统中被广泛应用。由于通信系统常常受到环境噪声的干扰，所以需要应用具有较强共模信号抑制的平衡滤波器以提高系统的抗干扰能力，提升通信质量。此外，将薄膜集成无源器件（TFIPD）技术应用于微波无源器件，可大大减小器件的电路尺寸，实现器件小型化。本章将介绍一种基于 TFIPD 技术的集总参数平衡带通滤波器[10]的基本原理，以及使用 ADS 建立、仿真并优化该平衡带通滤波器的理想参数仿真模型及相应的全波电磁仿真模型的方法。

1.1 平衡滤波器概述

1.1.1 理论基础

滤波器是一种二端口器件，其作用是在通带内实现信号的低损耗传输，在阻带内实现信号的大幅衰减，完成特定频谱的选择，本质上它是一种选频器件。

在通信系统、雷达系统和测量系统中，滤波器是必不可少的器件。按照传输特性的不同，可将其分为低通滤波器、高通滤波器、带通滤波器和带阻滤波器；按照设计方法的不同，可将其分为巴特沃斯滤波器、切比雪夫滤波器和椭圆函数滤波器等；按照所用元件的不同，可将其分为集总参数滤波器和分布参数滤波器；等等。

评价滤波器的性能指标包括插入损耗、回波损耗和群时延等。假定端口 1 为滤波器的输入端口，端口 2 为滤波器的输出端口，则其性能指标参数表达如下。

☺ 插入损耗（Insertion Loss，IL）：

$$\text{IL (dB)} = -20\lg|S_{21}|$$

插入损耗表示的是，当信号从端口 1 输入、从端口 2 输出时，输出功率与输入功率的比值，它表示因插入滤波器而引起的功率损耗。理论上，当 $S_{21} = 0$ 时，可得到传输零点（Transmission Zeros，TZ）的位置 f_z。

☺ 回波损耗（Return Loss，RL）：

$$\text{RL (dB)} = -20\lg|S_{11}|$$

回波损耗表示的是滤波器入射功率与反射功率的比值。理论上，当 $S_{11} = 0$ 时，可得到传输极点（Transmission Poles，TP）的位置 f_p。

1.1.2 基本原理

相比于传统的单端滤波器，因平衡滤波器具有较强的共模信号抑制能力，将其应用于通信系统中可有效减小噪声对系统的干扰影响。本章介绍的平衡带通滤波器的电路结构如图 1.1 所示[10]。考虑到后期芯片封装采用的引线键合技术中 200 μm 和 400 μm 金属引线对平衡带通滤波器性能的影响，在电路设计过程中引入金属引线的等效电感 $L_2 = 0.3$ nH 和 $L_3 = 0.6$ nH。

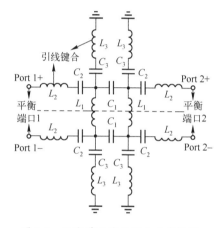

图 1.1 平衡带通滤波器电路结构图

对于此平衡带通滤波器，L_3 和 C_3 决定传输零点的位置 f_z，在 L_3 的值已经固定的情况下，对确定的 f_z，由式（1-1）可以得到 C_3 的值：

$$C_3 = \frac{1}{4\pi^2 L_3 f_z^2} \tag{1-1}$$

另外，L_1 的值主要影响差模工作通带，C_1 和 C_2 的值主要影响带宽、共模带内回波损耗和差模抑制。根据最终想要得到的平衡带通滤波器性能，选择合适的 L_1、C_1、C_2 和 C_3 的值即可。

1.2 平衡带通滤波器原理图

ADS 可以实现参数化的模型仿真，下面以中心频率 $f_0 = 4.9$ GHz，传输零点 $f_z = 6.5$ GHz 的平衡带通滤波器为例，介绍如何在 ADS 中建立并仿真其理想参数电路模型。平衡带通滤波器的元件值 C_i（i = 1，2，3）和 L_i（i = 1，2，3）可以在 ADS 电路模型中给出参数化定义。

1.2.1 新建工程和仿真电路模型

1．新建工程

（1）双击 ADS 快捷方式图标，在弹出的对话框中单击【OK】按钮，启动 ADS。ADS 运行后会自动弹出【Get Started】窗口，单击其右下角的【Close】按钮，进入 ADS 主界面窗口，如图 1.2 所示（此处的工作路径为安装 ADS 时提前设置的路径，若要更改此路径，可以用鼠标右键单击桌面上的 ADS 快捷方式图标，从弹出的菜单中选择"属性"，弹出如图 1.3 所示的对话框，在【起始位置】栏中输入新的路径即可）。

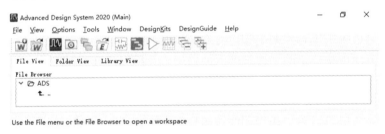

图 1.2 ADS 主界面窗口

图 1.3 更改 ADS 启动时的默认工作空间和路径

第 1 章 平衡带通滤波器的设计与仿真

（2）建立一个工作空间，用于存放本次设计仿真的全部文件。执行菜单命令【File】→【New】→【Workspace...】，打开如图 1.4 所示的新建工作空间对话框，在此可以对工作空间名称（Name）和工作路径（Create in）进行相应设置。此处修改工作空间名称为"Balanced_Bandpass_Filter_wrk"，而工作路径保留默认设置，单击【Create Workspace】按钮完成工作空间的创建。

图 1.4　新建工作空间对话框

> 说明
> 下述方法均可实现新建工作空间的操作：
> ☺ 执行菜单命令【File】→【New】→【Workspace...】；
> ☺ 单击工具栏中的【Create A New Workspace】图标。
> 后文中涉及新建工作空间的操作时，采用上述方法之一即可。

（3）ADS 主界面窗口中的【Folder View】会显示所建立的工作空间名称和工作路径，如图 1.5 所示。此时，工作空间的名称为"Balanced_Bandpass_Filter_wrk"，工作路径为"D:\ADS\Balanced_Bandpass_Filter_wrk"，在 D 盘的 ADS 文件夹下可以找到一个名为"Balanced_Bandpass_Filter_wrk"的子文件夹。

图 1.5　新建工作空间和路径

2．建立仿真电路模型

（1）新建电路原理图。执行菜单命令【File】→【New】→【Schematic...】，打开如图 1.6 所示的新建电路原理图对话框，修改单元（Cell）的名称为"circuit structure"，单击【Create Schematic】按钮完成电路原理图的创建，如图 1.7 所示。

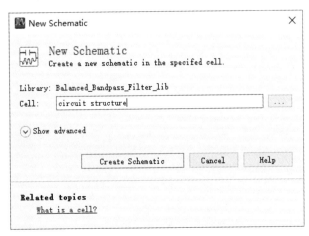

图 1.6　新建电路原理图对话框

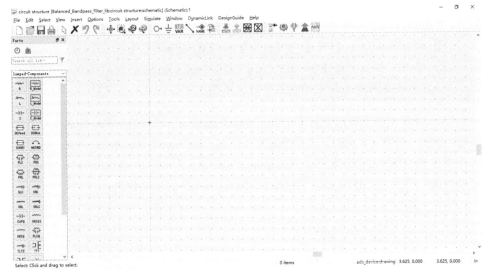

图 1.7　新建电路原理图

说明

下述方法均可实现新建电路原理图的操作：
☺ 执行菜单命令【File】→【New】→【Schematic...】；
☺ 单击工具栏中的【New Schematic Window】图标。
后文中涉及新建电路原理图的操作时，采用上述方法之一即可。

（2）添加电容。如图 1.8 所示，在左侧元件面板列表的下拉菜单中选择【Lumped-Components】，这里面包含一些常用的理想集总参数元件模型，如电容、电感、电阻等。单击【Lumped-Components】下的电容图标，在绘图区添加 10 个电容，如图 1.9 所示；按"Esc"键退出。

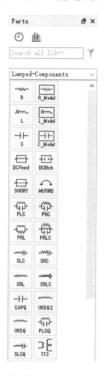

图 1.8 选择【Lumped-Components】

说明

如果电路原理图左侧未出现元件面板列表，可以执行菜单命令【View】→【Docking Windows】→【Component Palette】将其调出。后文中若出现类似情况，均可通过该方法解决。

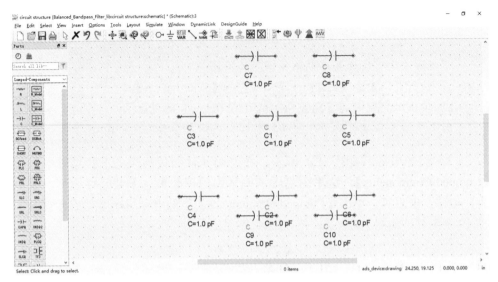

图 1.9 添加电容

用鼠标右键单击需要旋转的电容,从弹出的菜单中选择【Rotate】,将其沿顺时针方向旋转 90°。至此,电容即添加并旋转完成,如图 1.10 所示。

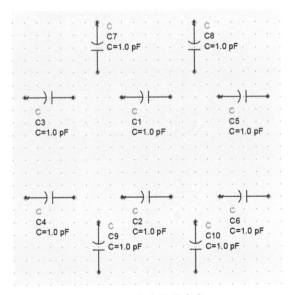

图 1.10 电容旋转完成

下述方法均可实现元器件的旋转操作:

> ☺ 用鼠标右键单击需要旋转的元器件，从弹出的菜单中选择【Rotate】；
> ☺ 选中需要旋转的元器件，单击工具栏中的【Rotate】图标；
> ☺ 选中需要旋转的元器件，按快捷键"Ctrl + R"进行旋转。
>
> 针对有多个相同元器件的情况，可以先添加一个元器件，利用上述方法对其进行旋转后，再将其选中，然后依次按快捷键"Ctrl + C"和"Ctrl + V"进行复制和粘贴即可。
>
> 后文中涉及元器件旋转操作时，采用上述方法之一即可。

（3）添加电感。单击【Lumped-Components】下的电感图标，在右侧的绘图区添加 10 个电感，如图 1.11 所示；按 "Esc" 键退出；用鼠标右键单击需要旋转的电感，从弹出的菜单中选择【Rotate】，将其沿顺时针方向旋转 90°。至此，电感即添加并旋转完成，如图 1.12 所示。

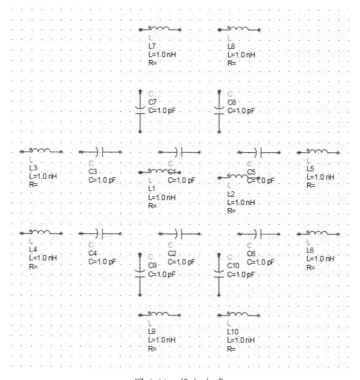

图 1.11 添加电感

（4）添加接地符号。执行菜单命令【Insert】→【GROUND】，放置 4 个接地符号，如图 1.13 所示；用鼠标右键单击需要旋转的接地符号，从弹出的菜单中选择【Rotate】，将其沿顺时针方向旋转 180°。至此，完成接地符号的添加和旋转，如图 1.14 所示。

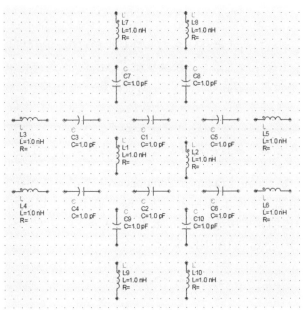

图 1.12　电感旋转完成

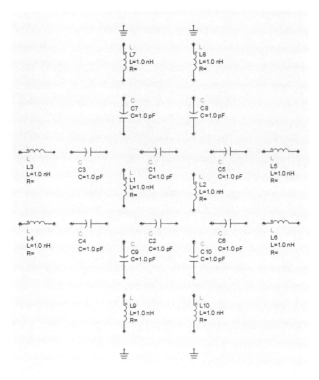

图 1.13　添加接地符号

说明

下述方法均可实现放置接地符号的操作:
- ☺ 执行菜单命令【Insert】→【GROUND】;
- ☺ 单击工具栏中的【Insert GROUND】图标⏚。

后文中涉及放置接地符号的操作时,采用上述方法之一即可。

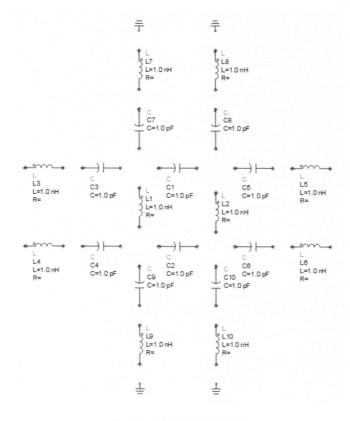

图 1.14 接地符号旋转完成

(5)连接元件。执行菜单命令【Insert】→【Wire】,依据图 1.1 所示的电路结构图连接各个元件,连接完成后如图 1.15 所示。

说明

下述方法均可实现放置连线的操作:
- ☺ 执行菜单命令【Insert】→【Wire】;

☺ 单击工具栏中的【Insert Wire】图标↘；
☺ 按快捷键"Ctrl + W"。
后文中涉及放置连线的操作时，采用上述方法之一即可。

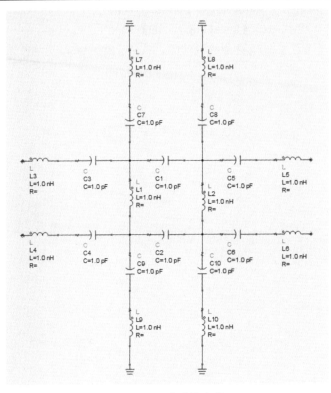

图 1.15　元件连接完成

（6）修改电路模型参数。双击电容 C1，在弹出的参数编辑对话框中，修改其参数值为 C1（pF），如图 1.16 所示；单击【OK】按钮保存参数并关闭此对话框。类似地，分别修改 C2 的参数值为 C1（pF），C3～C6 的参数值为 C2（pF）（以 C3 为例，见图 1.17），C7～C10 的参数值为 C3（pF）（以 C7 为例，见图 1.18），L1、L2 的参数值为 L1（nH）（以 L1 为例，见图 1.19），L3～L6 的参数值为 L2（nH）（以电感 L3 为例，见图 1.20），L7～L10 的参数值为 L3（nH）（以 L7 为例，见图 1.21）。

参数单位是在输入栏后的下拉菜单中选择的。要确保参数单位设置一致，否则仿真时会出错。

第 1 章　平衡带通滤波器的设计与仿真

图 1.16　设置电容 C1 参数　　　　　图 1.17　设置电容 C3 参数

 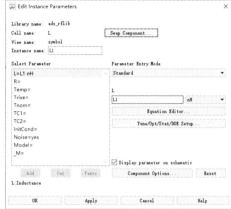

图 1.18　设置电容 C7 参数　　　　　图 1.19　设置电感 L1 参数

图 1.20　设置电感 L3 参数　　　　　图 1.21　设置电感 L7 参数

15

（7）定义变量的参数值。在工具栏中单击变量控件图标，在电路原理图空白处单击鼠标左键添加一个变量控件，双击该控件打开变量编辑对话框，其中：【Variable or Equation Entry Mode】栏默认是标准模式（Standard）；在【Name】栏中输入变量的名字 C1，在【Variable Value】栏中输入变量的值 0.56，单击【Apply】按钮，设置后的对话框如图 1.22 所示。如果单击【OK】按钮，则直接关闭该对话框。接下来依次设置其余的各个参数值：C2 = 0.89、C3 =1.00、L1 = 0.68、L2 = 0.3、L3 = 0.6，如图 1.23 所示。在设置其余参数时，要单击【Add】按钮进行添加；如果单击【Apply】按钮，则直接替换当前左侧参数列表中选中的变量；另外，在设置变量值时，不需要添加单位，因为在模型中已经对各个变量的单位进行了定义。

图 1.22　定义变量 C1　　　　　图 1.23　定义该电路所有的参数值

（8）ADS 的变量控件提供了 3 种添加变量的方法（分别为 Name=Value、Standard 和 File Based），可以在【Variable or Equation Entry Mode】栏中选择最适合的方法。下面介绍第 2 种方法，选择【Name=Value】模式，如图 1.24 所示。在此可以直接输入 C1 = 0.56，单击【Apply】按钮即可。类似地，在设置其余参数时，要单击【Add】按钮进行添加。

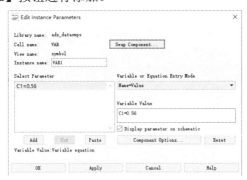

图 1.24　定义变量 C1 的第 2 种方法

（9）完成参数定义。定义好所有参数后，单击【OK】按钮，最终的理想参数定义的平衡带通滤波器电路模型如图 1.25 所示。读者可以对比电路结构图的参数，详细检查所有参数的设置是否正确。

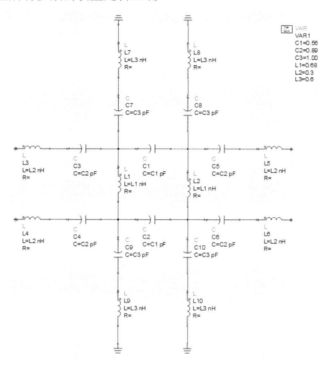

图 1.25　理想参数定义的平衡带通滤波器电路模型

1.2.2　原理图仿真

1. 设置仿真参数

（1）添加 S 参数仿真器、仿真端口和接地符号。如图 1.26 所示，在左侧元件面板列表的下拉菜单中选择【Simulation-S_Param】，单击其中的 S 参数仿真器，在绘图区添加一个 S 参数仿真器；单击【Term】端口，添加 4 个仿真端口；按"Esc"键退出。然后执行菜单命令【Insert】→【GROUND】，放置 4 个接地符号（或者直接单击【Simulation-S_Param】下的【TermG】端口，添加 4 个有接地参考面的仿真端口）；执行菜单命令【Insert】→【Wire】，连接仿

图 1.26　选择【Simulation-S_Param】

端口；完成后按"Esc"键退出。

（2）设置 S 参数仿真器频率范围及间隔。双击绘图区的 S 参数仿真器 ![S-PARAMETERS]，按图 1.27 所示完成设置，其仿真起始频率（Start）为 0 GHz，截止频率（Stop）为 8 GHz，间隔（Step-size）为 0.01 GHz，单击【OK】按钮，得到最终的平衡带通滤波器的理想参数仿真电路模型，如图 1.28 所示。

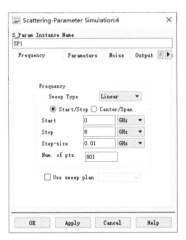

图 1.27　仿真频率范围参数设置

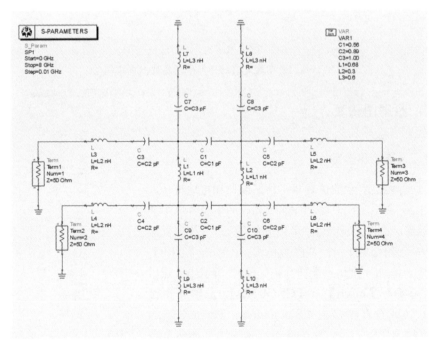

图 1.28　平衡带通滤波器的理想参数仿真电路模型

2. 查看仿真结果

（1）执行菜单命令【Simulate】→【Simulate】进行仿真，仿真结束后，数据显示窗口会被打开，如图 1.29 所示。

图 1.29 数据显示窗口

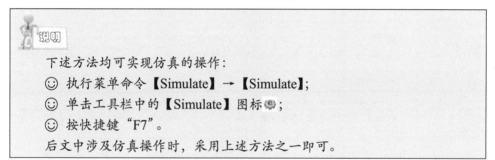

（2）单击左侧【Palette】控制板中的图标 ，在空白的图形显示区单击鼠标左键，打开写入公式对话框，在【Enter equation here】栏写入图 1.30 中所示的进行差模回波损耗求解的公式，单击【OK】按钮关闭此对话框。类似地，再依次写入图 1.31、图 1.32 和图 1.33 所示的进行差模插入损耗、共模回波损耗和共模插入损耗求解的公式。

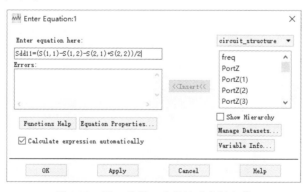

图 1.30 写入差模回波损耗的求解公式

> **说明**
>
> 如果数据显示窗口左侧未出现【Palette】控制板，可以执行菜单命令【View】→【Item Palette】将其调出。后文中若出现类似情况，均可通过该方法解决。

图 1.31　写入差模插入损耗的求解公式

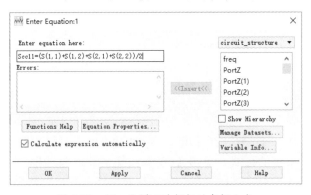

图 1.32　写入共模回波损耗的求解公式

图 1.33　写入共模插入损耗的求解公式

第 1 章　平衡带通滤波器的设计与仿真

（3）单击左侧【Palette】控制板中的图标，在空白的图形显示区单击鼠标左键，打开如图 1.34 所示的对话框，设置需要绘制的参数曲线。

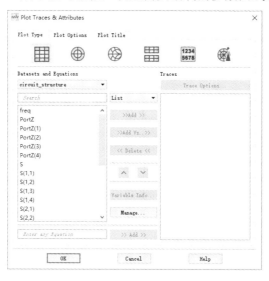

图 1.34　添加仿真结果对话框

（4）在【Datasets and Equations】栏中选择【Equations】，长按"Ctrl"键，依次选中定义的 Sdd11 和 Sdd12，单击【>>Add>>】按钮，在弹出的数据显示方式对话框中选择【dB】选项，如图 1.35 所示。单击【OK】按钮，可以观察到在右侧【Traces】的列表框中增加了 dB(Sdd11)和 dB(Sdd12)，如图 1.36 所示。

图 1.35　设置数据显示方式

图 1.36　添加 Sdd11 和 Sdd12 曲线图

21

（5）单击图 1.36 中左下角的【OK】按钮，图形显示区就会出现 dB(Sdd11) 和 dB(Sdd12)的曲线图（纵坐标为 dB 值），如图 1.37 所示。

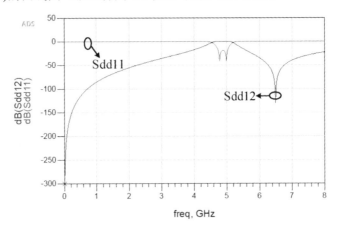

图 1.37　dB(Sdd11)和 dB(Sdd12)曲线图

（6）类似地，查看 dB(Scc11)和 dB(Scc12)曲线（纵坐标为 dB 值），如图 1.38 所示。

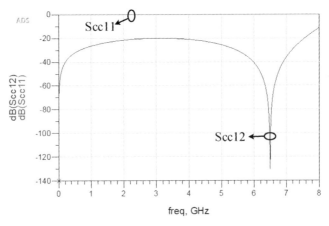

图 1.38　dB(Scc11)和 dB(Scc12)曲线图

3．曲线参数处理

接下来，以 dB(Sdd11)和 dB(Sdd12)曲线为例，介绍曲线参数处理。类似的方法也可用于处理其他曲线。

（1）Marker 是曲线标记，通过改变 Marker 的位置，可以读取曲线上任意一点的值。执行菜单命令【Marker】→【New...】，打开如图 1.39 所示对话框，移动光标至需要添加 Marker 的曲线上，单击鼠标左键放置一个 Marker，如图 1.40 所示。类似地，为另一条曲线 dB(Sdd12)添加 Marker。另外，可用鼠标左键长按 Marker 显示数据框，移动其位置。

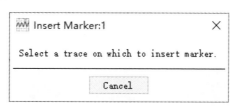

图 1.39　Marker 添加向导

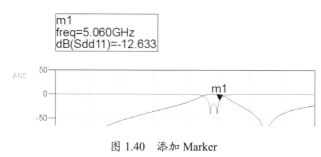

图 1.40　添加 Marker

> 说明
>
> 下述方法均可实现添加曲线标记的操作：
> ☺ 执行菜单命令【Marker】→【New...】；
> ☺ 单击工具栏中的【Insert A New Marker】图标；
> ☺ 按快捷键"Ctrl + M"。
> 后文中涉及添加曲线标记的操作时，采用上述方法之一即可。

（2）选中添加的 Marker 后，可以使用键盘上的左、右方向键来调整横坐标（freq）的位置，或者用鼠标左键单击图 1.41 所示位置，直接修改想要查看的具体频率值。此处查看中心频率 4.9 GHz 处的 dB(Sdd11)和 dB(Sdd12)的数值，如图 1.42 所示。

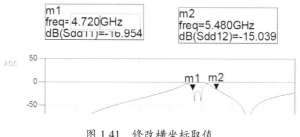

图 1.41　修改横坐标取值

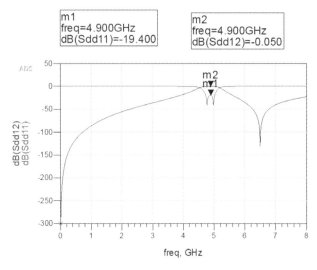

图 1.42 添加 Marker 结果图

> **说明**
>
> Marker 还有其他的功能：执行菜单命令【Marker】→【New Peak...】，可用 Marker 查看曲线的峰值；执行菜单命令【Marker】→【New Valley...】，可用 Marker 查看曲线的谷值；执行菜单命令【Marker】→【New Max..】，可用 Marker 查看曲线的最大值；执行菜单命令【Marker】→【New Min..】，可用 Marker 查看曲线的最小值；执行菜单命令【Marker】→【New Line..】，可插入一条垂直线同时与多条曲线相交，在数据显示框中同时显示相交点的频率和对应值大小。

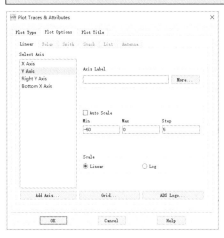

图 1.43 调整 Y 轴显示范围

（3）下面以修改 Y 轴显示范围及美化曲线为例来说明数据显示的编辑功能。双击 S 参数结果图，弹出【Plot Traces & Attributes】对话框，单击【Plot Options】选项卡，取消【Auto Scale】选项的选中状态（即不采用软件的自动调节范围），按照图 1.43 所示调整 Y 轴显示范围，得到调整后的 S 参数曲线图，如图 1.44 所示。

（4）此外，还可以修改曲线的类型、颜色和粗细。双击 dB(Sdd11) 曲线，打开曲线选项对话框，按照图 1.45 所示进行设置（曲线颜色保持默认）；类似地，设置 dB(Sdd12)曲线选项，如图 1.46 所示。最终得到的 dB(Sdd11)和 dB(Sdd12)曲线图如图 1.47 所示。

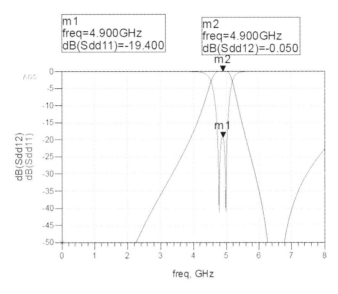

图 1.44 调整 Y 轴后的结果图

图 1.45 曲线 dB(Sdd11)选项设置

图 1.46 曲线 dB(Sdd12)选项设置

（5）类似地，修改 dB(Scc11)和 dB(Scc12)曲线。最终得到的 dB(Scc11)和 dB(Scc12)曲线图如图 1.48 所示。

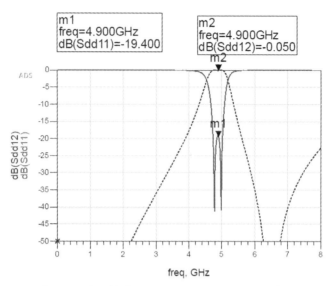

图 1.47 最终得到的 dB(Sdd11)和 dB(Sdd12)曲线图

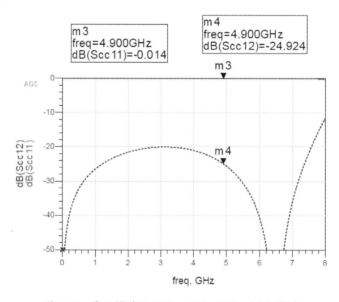

图 1.48 最终得到的 dB(Scc11)和 dB(Scc12)曲线图

1.3 平衡带通滤波器版图

原理图的仿真是在完全理想的状态下进行的,而实际电路的性能往往会与理论结果有差距，这就要考虑一些干扰、耦合等因素的影响，因此需要利用 ADS 进行版图仿真。ADS 采用矩量法（MOM）对电路进行电磁仿真分析，该仿真结果比在原理图中的仿真更为准确。另外，还可以进行原理图和版图联合仿真。在 ADS 中进行版图仿真以及原理图和版图联合仿真后再进行实际的芯片生产，可使最终的芯片性能更加符合预期。

1.3.1　层信息设置

所有电路元件均构建在相对介电常数为 12.85，损耗角正切为 0.006，厚度为 200 μm 的砷化镓（GaAs）衬底上；两层 5 μm 厚铜层和中间一层 0.2 μm 厚的氮化硅（Si_3N_4）层用来构建金属-绝缘体-金属（Metal-Insulator-Metal，MIM）电容。

绘制版图前，需要根据所采用的 TFIPD 工艺在版图中进行层信息设置。

1．新建版图

返回"Balanced_Bandpass_Filter_wrk"工作空间主界面，执行菜单命令【File】→【New】→【Layout...】，打开如图 1.49 所示的新建版图对话框，将单元（Cell）名称修改为"MIM capacitor"，单击【Create Layout】按钮，弹出版图精度设置对话框，如图 1.50 所示。在此选择"Standard ADS Layers, 0.001 micron layout resolution"，即精度为 0.001 μm（注意：本章中此类单位统一为 μm），单击【Finish】按钮，弹出版图绘制窗口，如图 1.51 所示。

图 1.49　新建版图对话框

说明

下述方法均可实现新建版图的操作：

☺ 执行菜单命令【File】→【New】→【Layout...】;
☺ 单击工具栏中的【New Layout Window】图标。
后文中涉及新建版图的操作时，采用上述方法之一即可。

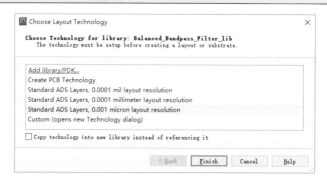

图 1.50　版图精度设置对话框

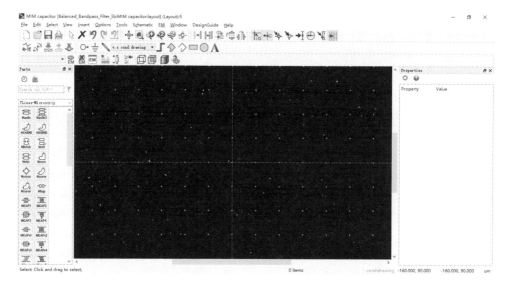

图 1.51　版图绘制窗口

2. 新建板材并添加介质和导体

（1）新建板材。在版图绘制窗口，执行菜单命令【EM】→【Substrate...】，在弹出的信息提示对话框中单击【OK】按钮，弹出如图 1.52 所示的新建衬底对话框，在此可以对名称（File name）和层信息设置模板（Template）进行相应修改。

下述方法均可实现新建衬底的操作：
☺ 执行菜单命令【EM】→【Substrate...】；
☺ 单击工具栏中的【Substrate Editor】图标。
后文中涉及新建衬底的操作时，采用上述方法之一即可。

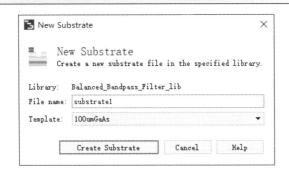

图 1.52 新建衬底对话框

此处文件名称保持默认。因本次 TFIPD 技术采用砷化镓（GaAs）衬底，所以在【Template】栏中选择【100umGaAs】，单击【Create Substrate】按钮，弹出层信息设置窗口。执行菜单命令【View】→【View All】，此时的层信息设置窗口如图 1.53 所示。

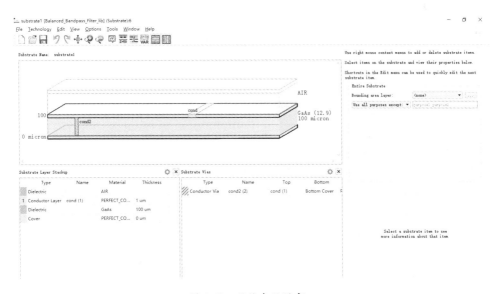

图 1.53 层信息设置窗口

>
>
> 下述方法均可实现在层信息设置窗口中显示全部信息的操作:
> ☺ 执行菜单命令【View】→【View All】;
> ☺ 单击工具栏中的【View All】图标；
> ☺ 按快捷键"F"。
> 后文中涉及在层信息设置窗口中显示全部信息的操作时，采用上述方法之一即可。

（2）添加导体。在层信息设置窗口执行菜单命令【Technology】→【Material Definitions...】，打开如图 1.54 所示的材料定义窗口，选择【Conductors】选项卡，按照图 1.55 所示定义相关导体，具体做法为：单击图 1.55 中右下角的【Add From Database...】按钮，若在弹出的从数据库中添加材料窗口（见图 1.56）中存在要添加的导体，则选中此导体，单击【OK】按钮，完成添加；若没有要添加的导体，则单击【Add Conductor】按钮，添加一个导体后，修改其相关信息；此外，对于不需要的导体，可单击图 1.55 中右下角的【Remove Conductor】按钮将其移除；全部完成后，单击【Apply】按钮。

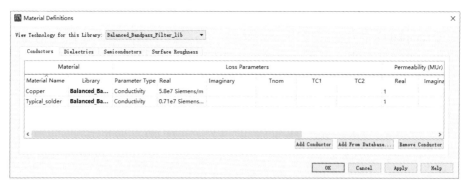

图 1.54 材料定义窗口

图 1.55 导体定义完成

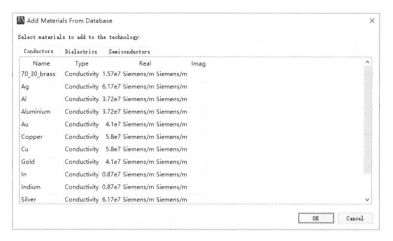

图 1.56 从数据库中添加材料窗口（一）

（3）添加介质。选择【Dielectrics】选项卡，按照图 1.57 所示添加和修改相关介质，具体做法为：单击图 1.57 中右下角的【Add From Database...】按钮，若在弹出的从数据库中添加材料窗口（见图 1.58）中存在要添加的介质，则选中此介质，单击【OK】按钮，完成添加；若没有要添加的介质，则单击【Add Dielectric】按钮，添加一个介质后，修改其相关信息；此外，对于不需要的介质，可单击图 1.57 中右下角的【Remove Dielectric】按钮将其移除；全部完成后，单击【OK】按钮，关闭材料定义窗口。

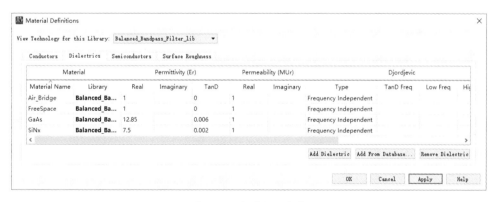

图 1.57 介质定义完成

3．设置层信息

（1）选中 cond 层，单击鼠标右键，在弹出的菜单中选择【Unmap】，删除该层导体（或者选中 cond 层，按"Delete"键删除该层导体）；用同样的方法删除 cond2 层。

Name	Er Real	Er Imag	Er TanD	MUr Real	MUr Imag	Model Type	TanD Freq	Low F
ABS	2.8		0.01	1		Svensson/Djordjevic	1 GHz	1
Alumina	9.6			1		Svensson/Djordjevic	1 GHz	1
Air	1.0			1		Svensson/Djordjevic	1 GHz	1
Arlon_25FR	3.48		0.0035	1		Svensson/Djordjevic	10.0 GHz	1
Arlon_25N	3.25		0.0035	1		Svensson/Djordjevic	10.0 GHz	1
Arlon_AD270N	2.7		0.003	1		Svensson/Djordjevic	10.0 GHz	1
Arlon_AD300N	3.0		0.003	1		Svensson/Djordjevic	10.0 GHz	1
Arlon_AD320N	3.2		0.003	1		Svensson/Djordjevic	10.0 GHz	1
Arlon_AD350N	3.5		0.003	1		Svensson/Djordjevic	10.0 GHz	1
Arlon_AD360N	3.6		0.003	1		Svensson/Djordjevic	10.0 GHz	1

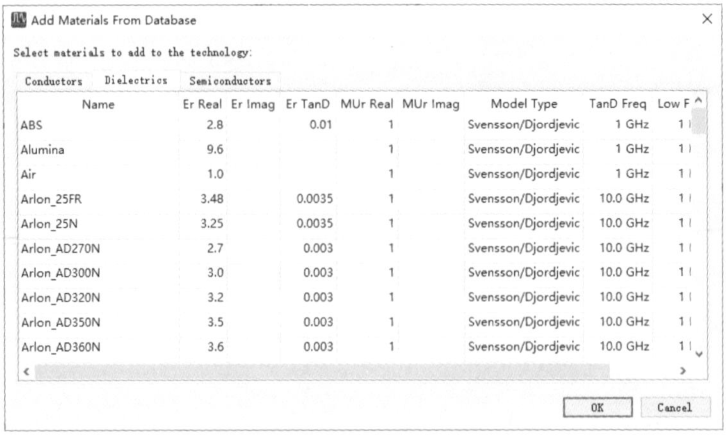

图 1.58　从数据库中添加材料窗口（二）

（2）设置介质层。选中已存在的介质层，单击鼠标右键，在弹出的菜单中选择【Insert Substrate Layer】，即可插入一个新介质层；选中要修改的介质层，可在窗口右侧的【Substrate Layer】栏中修改其相关信息。

说明

下述方法均可实现插入介质层的操作：

☺ 选中已存在的介质层，单击鼠标右键，在弹出菜单中选择【Insert Substrate Layer】；

☺ 选中已存在的介质层表面，单击鼠标右键，在弹出菜单中选择【Insert Substrate Layer Above】或【Insert Substrate Layer Below】。

后文中涉及插入介质层的操作时，采用上述方法之一即可。

（3）设置导体层。选中要插入导体层的介质层的表面，单击鼠标右键，在弹出的菜单中选择【Map Conductor Layer】，即可插入一个新导体层；选中要修改的导体层，可在窗口右侧的【Conductor Layer】栏中修改其相关信息。

（4）设置通孔。选中要插入通孔的介质层，单击鼠标右键，在弹出的菜单中选择【Map Conductor Via】，即可插入一个通孔；选中要修改的通孔，可在窗口右侧的【Conductor Via】栏中修改其相关信息。

（5）层信息设置如图 1.59 所示。其中：底层为 Cover；GaAs 层的【Thickness】为 200 μm；第 1 层 SiNx 层的【Thickness】为 0.1 μm；bond 层的【Process Role】选择“Conductor”，【Material】选择“Copper”，【Operation】选择“Expand the substrate”，【Position】选择“Above interface”，【Thickness】为 5 μm；第 2 层 SiNx 层的【Thickness】为 0.2 μm；text 层的【Process Role】选择

"Conductor",【Material】选择"Copper",【Operation】选择"Expand the substrate",【Position】选择"Above interface",【Thickness】为 0.5 μm；Air_Bridge 层的【Thickness】为 3 μm；leads 层的【Process Role】选择"Conductor",【Material】选择"Copper",【Operation】选择"Intrude the substrate",【Position】选择"Above interface",【Thickness】为 5 μm；顶层为开放的 FreeSpace 层；symbol 层的【Process Role】选择"Conductor Via",【Material】选择"Copper"；packages 层的【Process Role】选择"Conductor Via",【Material】选择"Copper"。

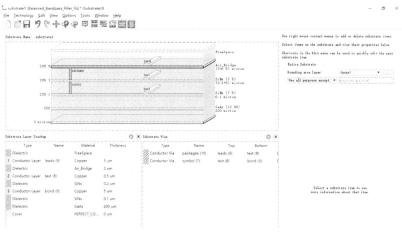

图 1.59　层信息设置

（6）此外，还可以通过菜单命令【Technology】→【Layer Definitions...】打开【Layer Definitions】窗口，修改各层显示的颜色、样式等，如图 1.60 所示。此处均保持默认设置。

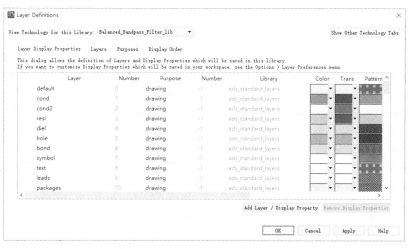

图 1.60　修改各层显示的颜色和样式

1.3.2　MIM 电容版图

为方便绘制版图，先在单元名为"MIM capacitor"的版图中将图 1.61 中虚线框内的功能键选中；然后执行菜单命令【Options】→【Preferences...】，在打开的【Preferences for Layout】对话框中选择【Grid/Snap】选项卡，将【Spacing】区域的"Snap Grid Distance (in layout units)"、"Snap Grid Per Minor Display Grid"和"Minor Grid Per Major Display Grid"设置为合适值，此处按图 1.62 所示设置（或者在版图绘制区单击鼠标右键，在弹出的菜单中选择【Grid Spacing...】下的"< 0.1-1-100 >"；或者使用快捷键"Ctrl + Shift + 8"）。

图 1.61　选中绘制功能键

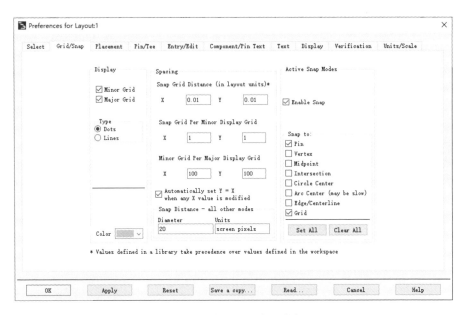

图 1.62　修改绘制最小精度

1．MIM 电容版图绘制

bond 和 leads 两层 5 μm 厚铜层以及中间一层 0.2 μm 厚 Si_3N_4 层被用来构建 MIM 电容。MIM 电容的电容值是由其面积和中间介质层的厚度来决定的。下面以 0.89 pF 的 MIM 电容为例，详细介绍其绘制步骤。

（1）MIM 电容叠层。执行菜单命令【Insert】→【Shape】→【Rectangle】，在版图中插入一个矩形，按"Esc"键退出；选中新插入的矩形，在窗口右侧【Properties】下的【All Shapes】→【Layer】栏中选择"bond:drawing"，将【Rectangles】→【Width】栏设置为 58 μm，【Height】栏设置为 56 μm；执行菜单命令【Edit】→【Copy/Paste】→【Copy To Layer...】，在弹出的图层复制窗口中选择"text:drawing"（见图 1.63），单击【Apply】按钮，在原位置复制一个 text 层；类似地，在原位置再复制 leads 层和 packages 层各一个；全部复制完成后，单击【Cancel】按钮关闭此窗口。

图 1.63　图层复制窗口

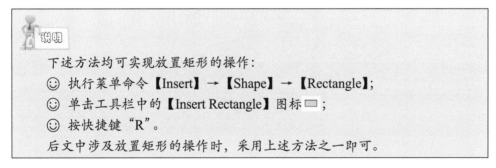

（2）层缩进。MIM 电容各层之间存在不同的缩进。选中 leads 层，执行菜单命令【Edit】→【Scale/Oversize】→【Oversize...】，因 leads 层比 bond 层相对缩进 1.5 μm，故在弹出的缩进对话框的【Oversize(+)/Undersize(-)】栏中输入-1.5，单击【Apply】按钮完成缩进，如图 1.64 所示；类似地，使 text 层和 packages 层比 bond 层相对缩进 3 μm。

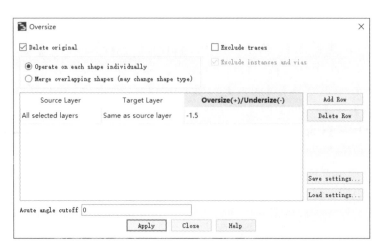

图 1.64 缩进对话框

（3）连接部分绘制。执行菜单命令【Insert】→【Shape】→【Rectangle】，在版图中插入一个矩形，按"Esc"键退出；选中新插入的矩形，在窗口右侧【Properties】下的【All Shapes】→【Layer】栏中选择"bond:drawing"，将【Rectangles】→【Width】栏设置为 20 μm，【Height】栏设置为 20 μm，长按鼠标左键将其移动至 MIM 电容中间位置，且与原本的 bond 层相连接。类似地，在对侧位置插入一个 leads 层矩形，且与原本的 leads 层相连接。至此，完成了一个 MIM 电容版图的绘制，如图 1.65 所示。

图 1.65 最终绘制的 MIM 电容版图

2. MIM 电容版图仿真

（1）插入仿真端口。执行菜单命令【Insert】→【Pin】，单击鼠标左键，在 MIM 电容的 I/O 端口添加两个引脚（Pin），如图 1.66 所示。

图 1.66　添加引脚（Pin）

下述方法均可实现放置引脚（Pin）符号的操作：
- ☺ 执行菜单命令【Insert】→【Pin】;
- ☺ 单击工具栏中的【Insert Pin】图标 ⌒ 。

后文中涉及放置引脚（Pin）符号的操作时，采用上述方法之一即可。

（2）修改仿真控制设置。执行菜单命令【EM】→【Simulation Setup...】，弹出新建 EM 设置视图对话框，如图 1.67 所示；单击【Create EM Setup View】按钮，弹出仿真控制窗口，如图 1.68 所示；选择 EM 求解器，通常选用第 2 种方法"Momentum Microwave"，该方法运行速度较快，且精度符合应用要求（第 1 种方法"Momentum RF"运行速度最快，但精度最低；第 3 种方法"FEM"即有限元法，其精度最高，但运行速度最慢，主要针对一些复杂的三维结构）。选择【Frequency plan】选项卡，修改仿真频率范围，在【Type】栏中选择"Adaptive"，将【Fstart】栏设置为 0 GHz，【Fstop】栏设置为 8 GHz，【Npts】栏设置为 50。选择【Options】选项卡，单击【Preprocessor】，选择【Heal the layout】区域的"User specified snap distance"选项，将自定义切割距离设置为 2.5 μm；单击【Mesh】，选中"Edge mesh"选项；其他项保持默认设置。设置完成后，关闭仿真控制窗口，单击【OK】按钮保存设置的更改。

下述方法均可实现仿真控制设置操作：
- ☺ 执行菜单命令【EM】→【Simulation Setup...】;
- ☺ 单击工具栏中的【EM Simulation Setup】图标 ;
- ☺ 按快捷键"F6"。

后文中涉及仿真控制设置的操作时，采用上述方法之一即可。

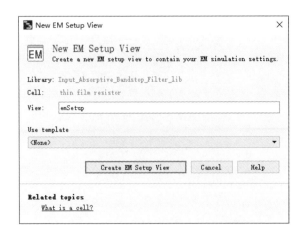

图 1.67　新建 EM 设置视图对话框

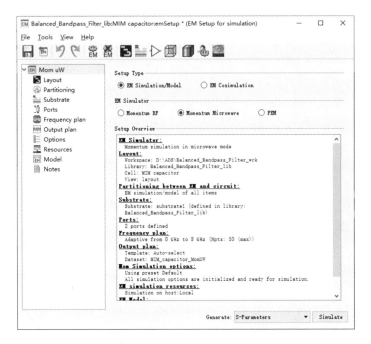

图 1.68　仿真控制窗口

（3）版图仿真。执行菜单命令【EM】→【Simulate】进行仿真，在仿真过程中会弹出状态窗口显示仿真的进程，待仿真结束后会自动弹出数据显示窗口，参照 1.2.2 节中的方法查看并处理 dB(S(1,1)) 和 dB(S(2,1)) 曲线，最终结果如图 1.69 所示。

第1章 平衡带通滤波器的设计与仿真

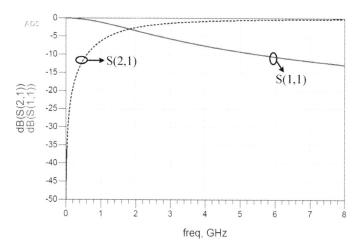

图 1.69 MIM 电容 S 参数曲线图

下述方法均可实现版图仿真的操作：
☺ 执行菜单命令【EM】→【Simulate】；
☺ 单击工具栏中的【Start EM Simulate】图标；
☺ 按快捷键"F7"。
后文中涉及版图仿真的操作时，采用上述方法之一即可。

3. MIM 电容联合仿真

为验证所绘制 MIM 电容的电容值是否为 0.89 pF，须进行电容版图和原理图联合仿真。

（1）创建 MIM 电容模型。在版图绘制窗口，执行菜单命令【EM】→【Component】→【Create EM Model And Symbol...】，在弹出的窗口中单击【OK】按钮，再执行菜单命令【Edit】→【Component】→【Update Component Definitions...】，在弹出的窗口中单击【OK】按钮，完成 MIM 电容模型的创建。

（2）新建电路原理图并插入 MIM 电容模型。返回"Balanced_Bandpass_Filter_wrk"工作空间主界面，执行菜单命令【File】→【New】→【Schematic...】，在新建电路原理图对话框中修改单元（Cell）的名称为"MIM capacitor-cosimulation"，单击【Create Schematic】按钮新建电路原理图。单击电路原理图窗口左侧的【Open the Library Browser】图标，在弹出的元件库列表窗口中选择【Workspace Libraries】下的"MIM capacitor"（即刚刚创建的 MIM 电容模型），如图 1.70 所示。单击鼠标右键，在弹出的菜单中选择【Place Component】，在电路原理图中添加一个 MIM 电容模型，按"Esc"键退出。

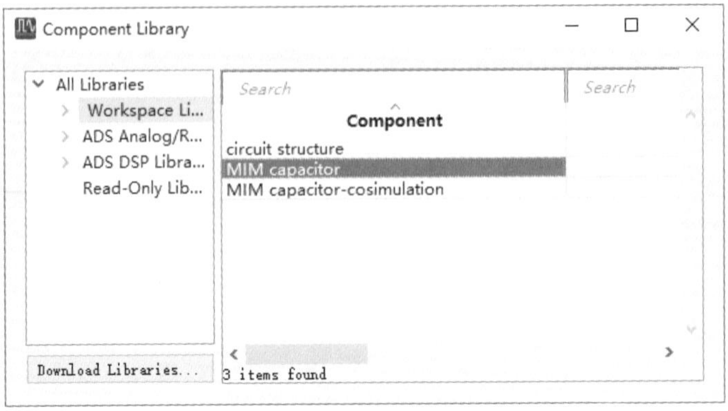

图 1.70 MIM 电容模型

（3）添加理想电容。在左侧元件面板列表的下拉菜单中选择【Lumped-Components】，单击其中的电容图标，在右侧的绘图区添加一个电容，按"Esc"键退出。双击该电容，在弹出的参数编辑对话框中修改 C = 0.89 pF（注意检查单位设置是否一致），单击【OK】按钮保存参数的修改。

（4）添加 S 参数仿真器、仿真端口和接地符号。在左侧元件面板列表的下拉菜单中选择【Simulation-S_Param】，单击其中的 S 参数仿真器，在绘图区添加一个 S 参数仿真器，再单击【Term】端口，添加 4 个仿真端口，按"Esc"键退出，然后执行菜单命令【Insert】→【GROUND】，放置 4 个接地符号（或者直接单击【Simulation-S_Param】下的【TermG】端口，添加 4 个有接地参考面的仿真端口），执行菜单命令【Insert】→【Wire】，连接电容和仿真端口，完成后按"Esc"键退出。

（5）设置 S 参数仿真器频率范围及间隔。双击绘图区的 S 参数仿真器，设置其仿真起始频率（Start）为 0 GHz，截止频率（Stop）为 8 GHz，间隔（Step-size）为 0.01 GHz，单击【OK】按钮，得到最终的电容联合仿真电路图，如图 1.71 所示。

（6）联合仿真。执行菜单命令【Simulate】→【Simulate】进行仿真，仿真结束后数据显示窗口会被打开，参照 1.2.2 节中的方法查看并处理 dB(S(1,1))、dB(S(2,1))、dB(S(3,3))和 dB(S(4,3))曲线，最终结果如图 1.72 所示。从图中可以看出，dB(S(1,1))和 dB(S(3,3))两条曲线、dB(S(2,1))和 dB(S(4,3))两条曲线几乎重合，说明所绘制 MIM 电容的电容值约为 0.89 pF。如果曲线相差较大，则应继续返回修改 MIM 电容版图，重复上述步骤，直至两条曲线的误差在可接受的范围内为止。

第 1 章 平衡带通滤波器的设计与仿真

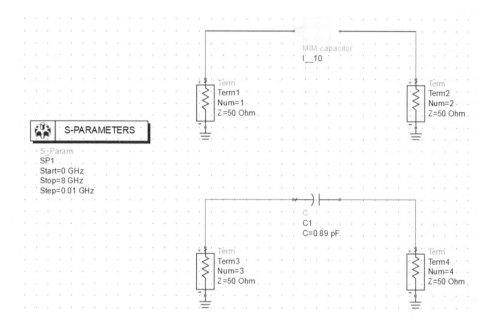

图 1.71 电容联合仿真电路图

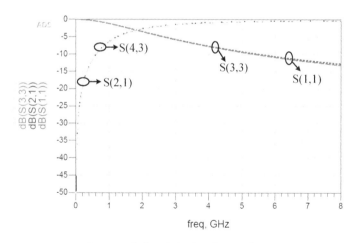

图 1.72 电容联合仿真 S 参数曲线图

1.3.3 平衡带通滤波器版图设计

（1）绘制 MIM 电容。参照本章 1.3.2 节中的内容，分别绘制出电容值为 0.56 pF 和 1.00 pF 的 MIM 电容。

（2）新建版图并复制相应元件版图。在"Balanced_Bandpass_Filter_wrk"工

作空间主界面,执行菜单命令【File】→【New】→【Layout...】,在新建版图对话框中修改单元(Cell)的名称为"balanced bandpass filter",单击【Create Layout】按钮,弹出版图绘制窗口。依次按快捷键"Ctrl + C"和"Ctrl + V",将绘制的MIM电容元件版图复制到此版图绘制窗口中,由图1.28所示的平衡带通滤波器仿真电路模型可知,$C_1 = 0.56$ pF的电容有2个,$C_2 = 0.89$ pF和$C_3 = 1.00$ pF的电容各有4个,故须将0.56 pF的MIM电容复制2次,0.89 pF的MIM电容和1.00 pF的MIM电容各复制4次。

(3)绘制电感。执行菜单命令【Insert】→【Path...】(或者单击工具栏中的【Insert Path】图标 ），弹出如图1.73所示的插入路径对话框。在【Layer】栏中选择"bond:drawing",将【Width】栏设置为15 μm,按图1.74所示(单位:μm)在右侧绘图区绘制电感的底层金属,其总长为607 μm,总宽为258 μm,右端两段长均为70 μm;执行菜单命令【Edit】→【Copy/Paste】→【Copy To Layer...】,在弹出的图层复制窗口中选择"text:drawing",单击【Apply】按钮,在原位置复制一个text层;类似地,在原位置再复制leads层、symbol层和packages层各一个,全部复制完成后,单击【Cancel】按钮关闭此窗口;然后对各层进行缩进,将text层选中,执行菜单命令【Edit】→【Scale/Oversize】→【Oversize...】,因text层比bond层相对缩进2 μm,故在弹出的缩进对话框的【Oversize(+)/Undersize(-)】栏中输入-2,单击【Apply】按钮完成缩进;类似地,使symbol层和packages层均比bond层相对缩进2 μm。至此,电感版图绘制完成。注意:后期芯片封装会引入金属引线的等效电感$L_2 = 0.3$ nH和$L_3 = 0.6$ nH,不需要再在版图中绘制电感L_2和L_3。

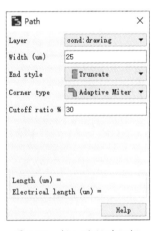

图1.73 插入路径对话框

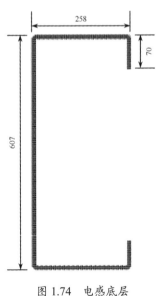

图1.74 电感底层

(4) 绘制焊盘。为方便后期的封装和测试，需要在 I/O 端口和接地处加入焊盘，这里固定焊盘尺寸为 100 μm × 100 μm。焊盘的绘制与电感类似，不同的是：焊盘各层金属的形状为矩形，需要执行菜单命令【Insert】→【Shape】→【Rectangle】插入矩形，具体操作可参照步骤（3）中的内容，此处不再赘述。

(5) 版图布局和元件连接。综合电路尺寸和版图美观等各方面因素，对版图进行整体布局调整，并依照图 1.28 所示的仿真电路模型用微带线进行元件的连接，微带线的绘制方法与焊盘相同，具体操作可参照步骤（3）和（4）中的内容，此处不再赘述。考虑后期芯片封装引入的金属引线对平衡带通滤波器性能的影响，经过多次版图参数优化，得到最终版图，如图 1.75 所示（单位：μm）。

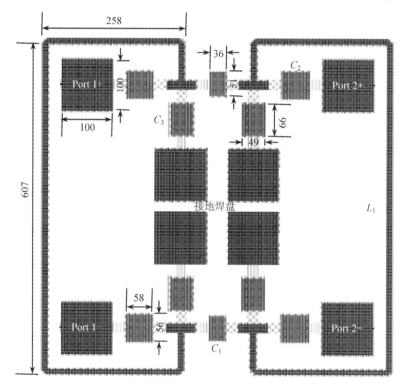

图 1.75　最终版图

1.3.4　版图仿真

1. 平衡带通滤波器版图仿真

（1）插入仿真端口。执行菜单命令【Insert】→【Pin】，单击鼠标左键分别在

I/O 焊盘和接地焊盘上添加引脚（Pin），如图 1.76 所示；按住"Ctrl"键不放，依次选中所有的引脚（Pin），在窗口右侧【Properties】下的【All Shapes】→【Layer】的下拉菜单中选择"leads:drawing"。

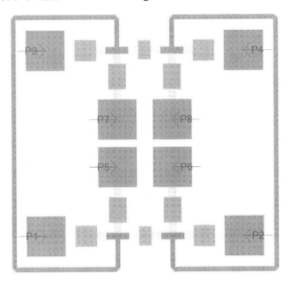

图 1.76　添加引脚（Pin）

（2）修改仿真控制设置。执行菜单命令【EM】→【Simulation Setup…】，在弹出的新建 EM 设置视图对话框中单击【Create EM Setup View】按钮，弹出仿真控制窗口，选择 EM 求解器的第二种方法（Momentum Microwave）。选择【Frequency plan】选项卡，修改仿真频率范围，在【Type】栏中选择"Adaptive"，将【Fstart】栏设置为 0 GHz，【Fstop】栏设置为 8 GHz，【Npts】栏设置为 50。选择【Options】选项卡，单击【Preprocessor】，选中【Heal the layout】区域的"User specified snap distance"选项，将自定义切割距离设置为 2.5 μm；单击【Mesh】，选中"Edge mesh"选项；其他项保持默认设置。设置完成后，关闭仿真控制窗口，单击【OK】按钮保存设置的更改。

（3）版图仿真。执行菜单命令【EM】→【Simulate】进行仿真，仿真过程中会弹出状态窗口显示仿真的进程，整个仿真过程一般比较漫长。由于此版图没有接地，故不以其仿真数据结果来评估此平衡带通滤波器的性能，待仿真结束后，直接关闭自动弹出的数据显示窗口。

2．平衡带通滤波器联合仿真

为评估所绘制的平衡带通滤波器性能，须进行平衡带通滤波器联合仿真。

（1）创建平衡带通滤波器模型。在版图绘制窗口，执行菜单命令【EM】→【Component】→【Create EM Model And Symbol...】，在弹出的窗口中单击【OK】按钮，再执行菜单命令【Edit】→【Component】→【Update Component Definitions...】，在弹出的窗口中单击【OK】按钮，完成平衡带通滤波器模型的创建。

（2）添加平衡带通滤波器模型。返回"Balanced_Bandpass_Filter_wrk"工作空间主界面，执行菜单命令【File】→【New】→【Schematic...】，在新建电路原理图对话框中修改单元（Cell）的名称为"balanced bandpass filter-cosimulation"，单击【Create Schematic】按钮新建电路原理图。单击电路原理图窗口左侧的【Open the Library Browser】图标，在弹出的元件库列表窗口中选择【Workspace Libraries】下的"balanced bandpass filter"（即刚刚创建的平衡带通滤波器模型），单击鼠标右键，在弹出的菜单中选择【Place Component】，在电路原理图中添加一个平衡带通滤波器模型，按"Esc"键退出。

（3）添加金属引线等效电感。将后期芯片封装所用的 200 μm 和 400 μm 金属引线的等效电感 $L_2 = 0.3$ nH 和 $L_3 = 0.6$ nH 添加至联合仿真电路中，使联合仿真结果更加接近最终芯片测试结果。在左侧元件面板列表的下拉菜单中选择【Lumped-Components】，单击其中的电感图标，在右侧的绘图区添加一个电感，按"Esc"键退出；双击该电感，在弹出的参数编辑对话框中修改 L = 0.3 nH，单击【OK】按钮保存参数的修改；用同样的方法再添加 3 个 0.3 nH 的电感和 4 个 0.6 nH 的电感（也可以先添加两个电感，修改其中一个的电感值为 0.3 nH，另一个的电感值为 0.6 nH，再依次选中这两个电感，按快捷键"Ctrl + C"和"Ctrl + V"进行复制和粘贴）。

（4）添加 S 参数仿真器、仿真端口和接地符号。在左侧元件面板列表的下拉菜单中选择【Simulation-S_Param】，单击其中的 S 参数仿真器，在绘图区添加一个 S 参数仿真器，再单击【Term】端口，添加 4 个仿真端口，按"Esc"键退出，然后执行菜单命令【Insert】→【GROUND】，放置 8 个接地符号（或者直接单击【Simulation-S_Param】下的【TermG】端口，添加 4 个有接地参考面的仿真端口，再执行菜单命令【Insert】→【GROUND】，放置 4 个接地符号），执行菜单命令【Insert】→【Wire】，依据图 1.28 所示的仿真电路模型连接所有元件，完成后按"Esc"键退出。

（5）设置 S 参数仿真器频率范围及间隔。双击绘图区的 S 参数仿真器，设置其仿真起始频率（Start）为 0 GHz，截止频率（Stop）为 8 GHz，间隔（Step-size）为 0.01 GHz，单击【OK】按钮，得到最终的平衡带通滤波器联合仿真电路图，如图 1.77 所示。

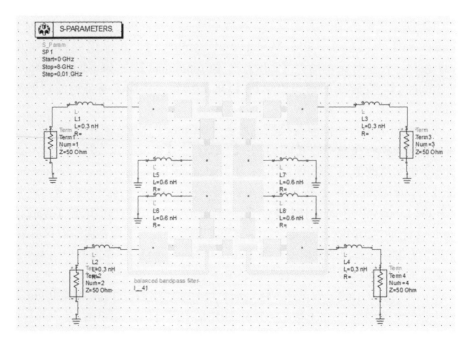

图 1.77　平衡带通滤波器联合仿真电路图

（6）联合仿真。执行菜单命令【Simulate】→【Simulate】进行仿真，仿真结束后，数据显示窗口会被打开，参照 1.2.2 节中的方法查看并处理 dB(Sdd11) 和 dB(Sdd12) 以及 dB(Scc11) 和 dB(Scc12) 曲线，最终结果如图 1.78、图 1.79 所示。

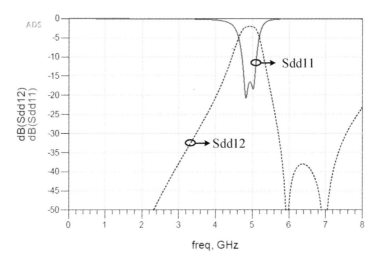

图 1.78　联合仿真 dB(Sdd11)和 dB(Sdd12)曲线图

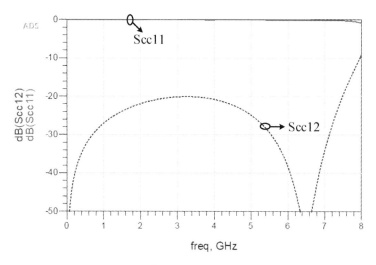

图 1.79 联合仿真 dB(Scc11)和 dB(Scc12)曲线图

（7）仿真结果分析。对比图 1.47 和图 1.78 以及图 1.48 和图 1.79 可知，此平衡带通滤波器的理论仿真结果与电磁仿真结果吻合较好。电磁仿真结果显示：在 4.8～5.0 GHz 范围内，其差模回波损耗$|Sdd11|$大于 18 dB，而插入损耗$|Sdd12|$小于 2.3 dB；此外，共模抑制$|Scc12|$在 0～7.5 GHz 范围内大于 20 dB。

第 2 章

毫米波微带带通滤波器的设计与仿真

作为微波毫米波电路系统中的重要组件，滤波器的应用极为广泛。近年来，随着 5G 移动通信系统的快速发展，毫米波频谱开始受到越来越多的关注，研究者们也致力于将滤波器设计到毫米波波段，以此来推动网络发展建设进程[1-3]。受到文献[11-15]的启发，本章将介绍一种基于 TFIPD 技术的毫米波微带带通滤波器，该结构已申请中国发明专利（吴永乐，等. 5G 毫米波阶梯阻抗开路枝节薄膜 IPD 带通滤波器芯片：中国，申请号：202010228778.3）。此滤波器电路结构简单，只包含两对耦合线和一个阶梯阻抗开路枝节。本章将详细介绍此毫米波微带带通滤波器的基本原理，以及使用 ADS 建立、仿真并优化该毫米波微带带通滤波器的理想参数仿真模型和相应的全波电磁仿真模型的方法。

2.1 微带滤波器概述

2.1.1 理论基础

滤波器按照所用元件可分为集总参数滤波器和分布参数滤波器两种。本章介绍的毫米波微带带通滤波器属于分布参数滤波器。

2.1.2 基本原理

本章介绍的毫米波微带带通滤波器的电路结构如图 2.1 所示[11]。该滤波器包含两对耦合线和一个阶梯阻抗开路枝节。可以采用奇偶模分析法对该电路进行分析，图 2.2 和图 2.3 所示分别为其奇模和偶模等效电路图。

若要构建一个中心频率为 f_0 的理想微带带通滤波器，由奇偶模等效电路的输入导纳 Y_{ino}、Y_{ine} 和标准特征导纳 $Y_0 = 1/Z_0$ 可表示出此滤波器的 S 参数（S_{11} 和 S_{21}）：

$$S_{11} = \frac{Y_0^2 - Y_{\text{ine}}Y_{\text{ino}}}{(Y_0 + Y_{\text{ine}})(Y_0 + Y_{\text{ino}})} \tag{2-1}$$

$$S_{21} = \frac{Y_0(Y_{\text{ine}} - Y_{\text{ino}})}{(Y_0 + Y_{\text{ine}})(Y_0 + Y_{\text{ino}})} \tag{2-2}$$

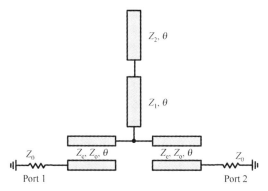

图 2.1 毫米波微带带通滤波器的电路结构

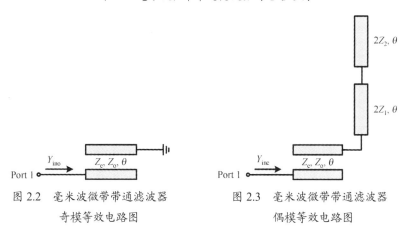

图 2.2 毫米波微带带通滤波器
奇模等效电路图

图 2.3 毫米波微带带通滤波器
偶模等效电路图

理论上，当 $S_{11} = 0$ 时，可得到传输极点（TP）的位置 f_p；当 $S_{21} = 0$ 时，可得到传输零点（TZ）的位置 f_z。根据最终想得到的毫米波微带带通滤波器性能，选择合适的 Z_e、Z_o 和 Z_i（$i = 1, 2$）的值，并确定对应的 f_p 和 f_z。

2.2 毫米波微带带通滤波器原理图

ADS 可以实现参数化的模型仿真，下面以中心频率 $f_0 = 28$ GHz 的毫米波微带带通滤波器为例，介绍如何在 ADS 中建立并仿真其理想参数电路模型和微带线电路模型。滤波器耦合线的奇偶模特性阻抗 Z_o 和 Z_e，枝节特性阻抗 Z_i（$i = 1, 2$），

电长度 θ，都可以在 ADS 电路中给出参数化定义。

2.2.1 新建工程和仿真电路模型

1. 新建工程

（1）双击 ADS 快捷方式图标，在弹出的对话框中单击【OK】按钮，启动 ADS。ADS 运行后会自动弹出【Get Started】窗口，单击其右下角的【Close】按钮，进入 ADS 主界面窗口，如图 2.4 所示。

（2）建立一个工作空间，用于存放本次设计仿真的全部文件。执行菜单命令【File】→【New】→【Workspace...】，打开如图 2.5 所示的新建工作空间对话框，在此可以对工作空间名称（Name）和工作路径（Create in）进行相应设置。此处修改工作空间名称为"Millimeter_Wave_Microstrip_Bandpass_Filter_wrk"，而工作路径保留默认设置，单击【Create Workspace】按钮完成工作空间的创建。

图 2.4 ADS 主界面窗口

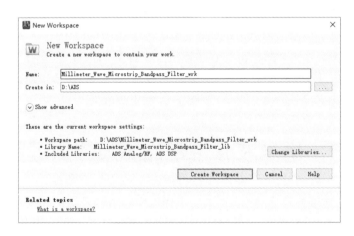

图 2.5 新建工作空间对话框

第 2 章 毫米波微带带通滤波器的设计与仿真

（3）ADS 主界面窗口中的【Folder View】会显示所建立的工作空间名称和工作路径，如图 2.6 所示。此时在 D 盘的 ADS 文件夹下可以找到一个名为"Millimeter_Wave_Microstrip_Bandpass_Filter_wrk"的子文件夹。

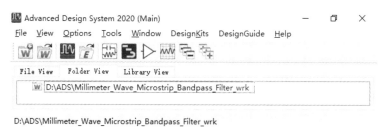

图 2.6 新建工作空间和路径

2．建立仿真电路模型

（1）新建电路原理图。执行菜单命令【File】→【New】→【Schematic...】，打开如图 2.7 所示的新建电路原理图对话框，修改单元（Cell）的名称为"circuit structure"，单击【Create Schematic】按钮完成电路原理图的创建，如图 2.8 所示。

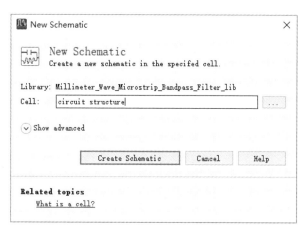

图 2.7 新建电路原理图对话框

（2）添加耦合线。如图 2.9 所示，在左侧元件面板列表的下拉菜单中选择【TLines-Ideal】，这里面包含一些常用的理想分布参数元件模型，如传输线、耦合线等。单击【TLines-Ideal】下的理想耦合线图标，在右侧的绘图区添加两对耦合线，按"Esc"键退出。至此，耦合线即添加完成，如图 2.10 所示。

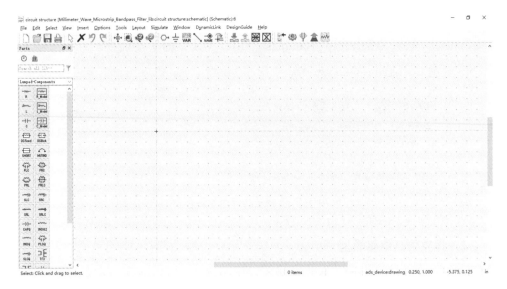

图 2.8　新建电路原理图

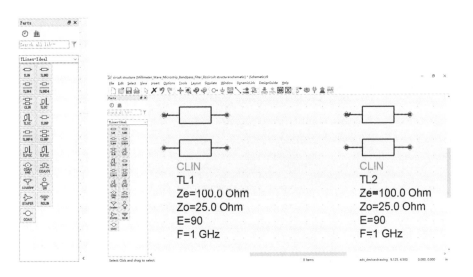

图 2.9　选择【TLines-Ideal】　　　　图 2.10　添加耦合线

（3）添加传输线。单击【TLines-Ideal】下的理想传输线图标 ，在右侧的绘图区添加两条传输线，如图 2.11 所示；按"Esc"键退出；依次用鼠标右键单击添加的两条传输线，在弹出的菜单中选择【Rotate】，将其沿顺时针方向旋转 90°。至此，传输线即添加并旋转完成，如图 2.12 所示。

第 2 章 毫米波微带带通滤波器的设计与仿真

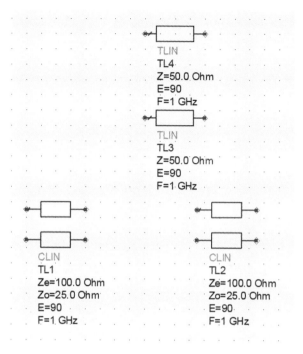

图 2.11 添加传输线

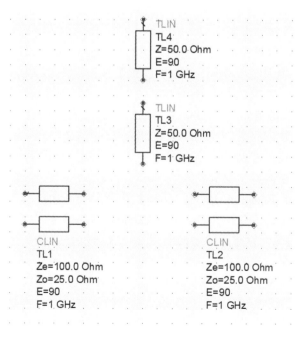

图 2.12 传输线旋转完成

53

（4）连接元件。执行菜单命令【Insert】→【Wire】，依据图 2.1 所示的电路结构图连接各个元件，连接完成后如图 2.13 所示。

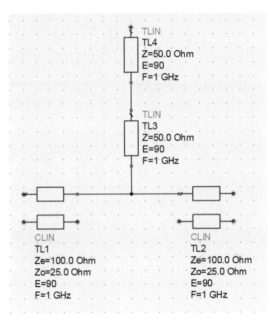

图 2.13　元件连接完成

（5）修改电路模型参数。双击耦合线 TL1，在弹出的参数编辑对话框中，修改其参数值为 Ze（Ohm）、Zo（Ohm）、SitaT（deg）、f0（GHz）（注意检查单位设置是否一致），如图 2.14 所示；单击【OK】按钮保存参数并关闭此对话框。类似地，分别修改 TL2 的参数值为 Ze（Ohm）、Zo（Ohm）、SitaT（deg）、f0（GHz），TL3 的参数值为 Z1（Ohm）、SitaT（deg）、f0（GHz），TL4 的参数值为 Z2（Ohm）、SitaT（deg）、f0（GHz），如图 2.15～图 2.17 所示。

（6）定义变量的参数值。在工具栏中单击变量控件图标 ，在电路原理图空白处单击鼠标左键添加变量控件 。双击该控件，打开变量编辑对话框，其中：【Variable or Equation Entry Mode】栏默认是标准模式（Standard）；在【Name】栏中输入变量的名字 Ze，在【Variable Value】栏中输入变量的值 120，单击【Apply】按钮，设置后的对话框如图 2.18 所示。如果单击【OK】按钮，则直接关闭该对话框。接下来，依次设置其余参数值：Zo = 56、Z1 = 30、Z2 = 120、SitaT = 90、f0 = 28，如图 2.19 所示。设置其余参数时，要单击【Add】按钮进行添加；如果单击【Apply】按钮，则直接替换当前左侧参数列表中选中的变量。另外，设置变量值时，不需要添加单位，因为在模型中已经对各个变量的单位进行了定义。

第 2 章 毫米波微带带通滤波器的设计与仿真

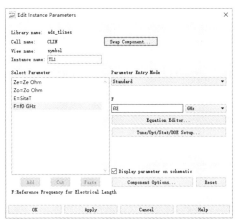

图 2.14　设置 TL1 参数　　　　　图 2.15　设置 TL2 参数

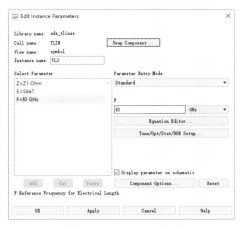 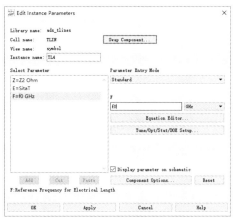

图 2.16　设置 TL3 参数　　　　　图 2.17　设置 TL4 参数

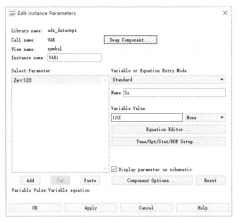

图 2.18　定义变量 Ze　　　　　图 2.19　定义该电路所有的参数值

55

（7）ADS 的变量控件提供了 3 种添加变量的方法（分别为 Name=Value、Standard 和 File Based），可以在【Variable or Equation Entry Mode】栏中选择最适合的方法。下面介绍第 2 种方法，选择【Name=Value】模式，如图 2.20 所示。在此可以直接输入 Ze = 120，然后单击【Apply】即可；类似地，在设置其余参数时，要单击【Add】按钮进行添加。

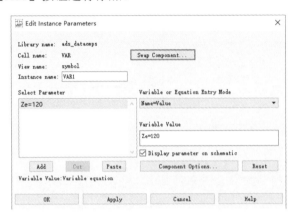

图 2.20　定义变量 Ze 的第 2 种方法

（8）完成参数定义。定义好所有参数后，单击【OK】按钮，最终的理想参数定义的毫米波微带带通滤波器电路模型如图 2.21 所示。读者可以对比电路图中的参数，详细检查所有参数的设置是否正确。

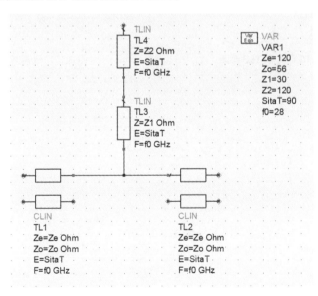

图 2.21　理想参数定义的毫米波微带带通滤波器电路模型

2.2.2 原理图仿真

1. 设置仿真参数

（1）添加 S 参数仿真器、仿真端口和接地符号。如图 2.22 所示，在左侧元件面板列表的下拉菜单中选择【Simulation-S_Param】，单击其中的 S 参数仿真器，在绘图区添加一个 S 参数仿真器；单击【Term】端口，添加两个仿真端口；按"Esc"键退出。然后执行菜单命令【Insert】→【GROUND】，放置两个接地符号（或者直接单击【Simulation-S_Param】下的【TermG】端口，添加两个有接地参考面的仿真端口）；执行菜单命令【Insert】→【Wire】，连接仿真端口；完成后按"Esc"键退出。

（2）设置 S 参数仿真器频率范围及间隔。双击绘图区的 S 参数仿真器，按图 2.23 所示完成设置，其仿真起始频率（Start）为 0 GHz，截止频率（Stop）为 50 GHz，间隔（Step-size）为 0.05 GHz，单击【OK】按钮，得到毫米波微带带通滤波器的理想参数仿真电路模型，如图 2.24 所示。

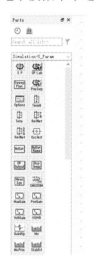

图 2.22 选择【Simulation-S_Param】

图 2.23 仿真频率范围参数设置

2. 查看仿真结果

（1）执行菜单命令【Simulate】→【Simulate】进行仿真，仿真结束后，数据显示窗口会被打开，如图 2.25 所示。

（2）单击左侧【Palette】控制板中的图标，在空白的图形显示区单击鼠标左键，打开如图 2.26 所示的对话框，设置需要绘制的参数曲线。

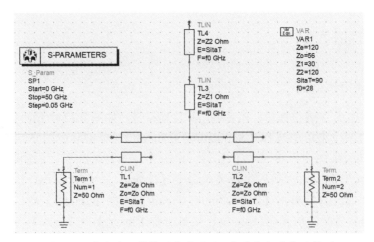

图 2.24 毫米波微带带通滤波器的理想参数仿真电路模型

图 2.25 数据显示窗口

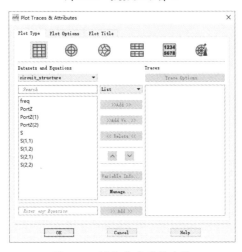

图 2.26 添加仿真结果曲线

(3) 长按"Ctrl"键,依次选中 S(1,1)和 S(2,1),单击【>>Add>>】按钮,在

弹出的数据显示方式对话框中选择【dB】选项，如图 2.27 所示。单击【OK】按钮，可以观察到在右侧【Traces】的列表框中增加了 dB(S(1,1))和 dB(S(2,1))，如图 2.28 所示。

图 2.27　设置数据显示方式

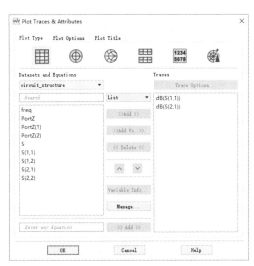

图 2.28　添加 S(1,1)和 S(2,1)曲线图

（4）单击图 2.28 中左下角的【OK】按钮，图形显示区就会出现 dB(S(1,1))和 dB(S(2,1))的曲线图（纵坐标为 dB 值），如图 2.29 所示。

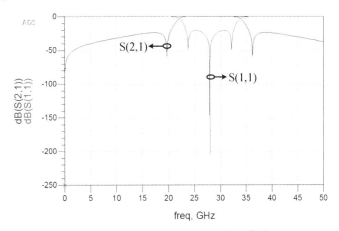

图 2.29　dB(S(1,1))和 dB(S(2,1))曲线图

3. 曲线参数处理

接下来，以 dB(S(1,1))和 dB(S(2,1))曲线为例，介绍曲线参数处理。类似的方法也可用于处理其他曲线。

（1）Marker 是曲线标记，通过改变 Marker 的位置，可以读取曲线上任意一点的值。执行菜单命令【Marker】→【New...】，打开如图 2.30 所示的对话框，移动光标至需要添加 Marker 的曲线上，单击鼠标左键放置一个 Marker，如图 2.31 所示。类似地，为另一条曲线 dB(S(2,1))添加 Marker。另外，可用鼠标左键长按 Marker 显示数据框，移动其位置。

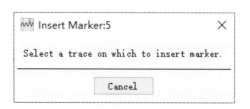

图 2.30　Marker 添加向导

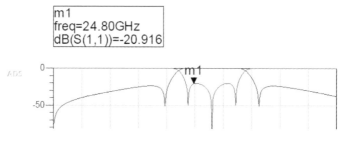

图 2.31　添加 Marker

（2）选中添加的 Marker 后，可以使用键盘上的左、右方向键来调整横坐标（freq）的位置，或者用鼠标左键单击图 2.32 所示位置，直接修改想要查看的具体频率值。此处查看中心频率 28 GHz 处的 dB(S(1,1))和 dB(S(2,1))的数值，如图 2.33 所示。

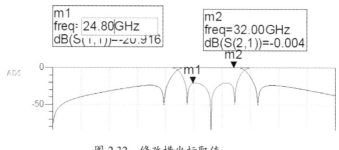

图 2.32　修改横坐标取值

第 2 章 毫米波微带带通滤波器的设计与仿真

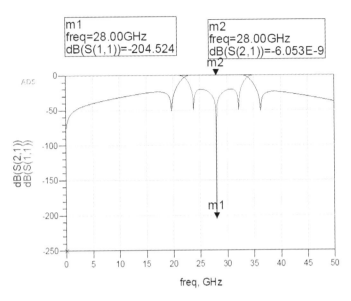

图 2.33 添加 Marker 结果图

（3）下面以修改 Y 轴显示范围及美化曲线为例介绍数据显示的编辑功能。双击 S 参数结果图，弹出【Plot Traces & Attributes】对话框，单击【Plot Options】选项卡，取消【Auto Scale】选项的选中状态（即不采用软件的自动调节范围），按照图 2.34 所示调整 Y 轴显示范围，得到调整后的 S 参数曲线图，如图 2.35 所示。

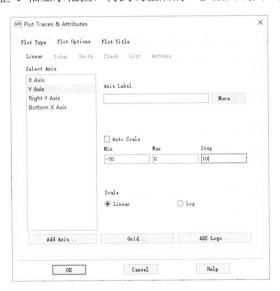

图 2.34 调整 Y 轴显示范围

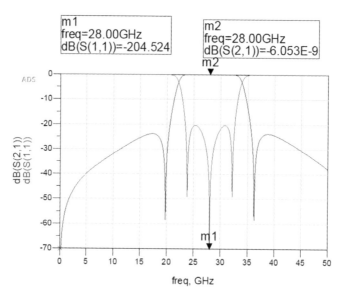

图 2.35 调整 Y 轴后的结果图

（4）此外，还可以修改曲线的类型、颜色和粗细。双击 dB(S(1,1))曲线，打开曲线选项对话框，按照图 2.36 所示进行设置（曲线颜色保持默认）；类似地，设置 dB(S(2,1))曲线选项，如图 2.37 所示。最终得到的 dB(S(1,1))和 dB(S(2,1))曲线图如图 2.38 所示。

图 2.36 曲线 dB(S(1,1))选项设置

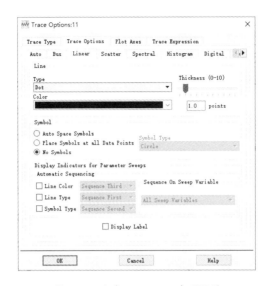

图 2.37 曲线 dB(S(2,1)) 选项设置

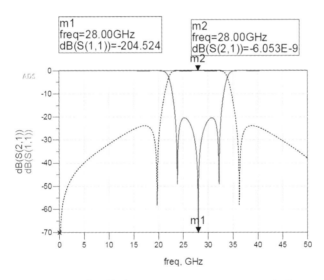

图 2.38 最终得到的 dB(S(1,1)) 和 dB(S(2,1)) 曲线图

2.2.3 微带线电路模型

给定的毫米波微带带通滤波器参数有：$Z_e = 120\ \Omega$，$Z_o = 56\ \Omega$，$Z_1 = 30\ \Omega$，$Z_2 = 120\ \Omega$，SitaT = 90°，$f_0 = 28\ \text{GHz}$。最终芯片加工采用 TFIPD 技术，其中衬底为 100 μm 厚的砷化镓（GaAs），相对介电常数为 12.9，损耗角正切为 0.001，微带线金属厚度为 1.065 μm。

1. 计算物理尺寸

用 ADS 中的 LineCalc 功能来求解电路中的元件在某板材某频率处对应的物理尺寸。

（1）关闭结果显示窗口，返回电路原理图窗口，执行菜单命令【Tools】→【LineCalc】→【Start LineCalc】，弹出如图 2.39 所示的尺寸计算对话框。修改左侧板材参数【Substrate Parameters】区域中的衬底相对介电常数"Er"为 12.9，厚度"H"为 100 μm，损耗角正切"TanD"为 0.001，微带线金属的厚度"T"为 1.065 μm（注意检查单位设置是否一致），其余参数保持默认值即可，修改后的结果如图 2.40 所示。

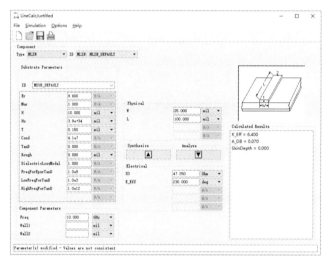

图 2.39 尺寸计算对话框

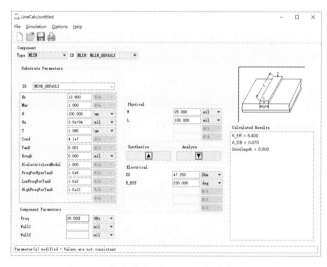

图 2.40 完成参数修改的尺寸计算对话框

(2) 求解偶模阻抗 Z_e = 120 Ω、奇模阻抗 Z_o = 56 Ω、电长度 SitaT = 90°的耦合线 TL1 对应的物理尺寸。在【Component】→【Type】的下拉菜单中选择元件类型为"MCLIN"（耦合线），修改元件参数（Component Parameter）下的工作频率"Freq"为 28 GHz。注意：本章中的单位统一使用 μm，因此要在物理长度（Physical）下"W"、"S"、"L"后侧的下拉菜单中选择单位为 μm。然后，修改电长度（Electrical）下的偶模阻抗"ZE"为 120 Ohm、奇模阻抗"ZO"为 56 Ohm、电长度"E_Eff"为 90 deg，如图 2.41 所示。单击【Synthesize】按钮 ，即可求出耦合线 TL1 对应的物理尺寸，如图 2.42 所示（图 2.41 和图 2.42 分别对应单击【Synthesize】按钮前、后的尺寸变化）。耦合线 TL2 和 TL1 电路参数相同，因此物理尺寸也相同。

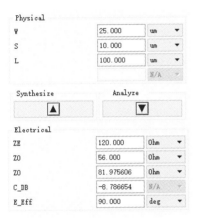 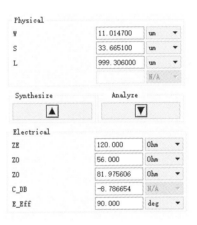

图 2.41 设置 TL1 的电路参数　　图 2.42 求解 TL1 的物理尺寸

(3) 求解特征阻抗 Z_1 = 30 Ω、电长度 SitaT = 90°的微带线 TL3 的物理尺寸。在【Component】→【Type】的下拉菜单中选择元件类型为"MLIN"（微带线），修改元件参数（Component Parameter）下的工作频率"Freq"为 28 GHz，在物理长度（Physical）下"W"、"S"、"L"后侧的下拉菜单中选择单位为 μm。然后，修改电长度（Electrical）下的特性阻抗"Z0"为 30 Ohm、电长度"E_Eff"为 90 deg，单击【Synthesize】按钮 ，即可求出微带线 TL3 对应的物理尺寸，如图 2.43 所示。类似地，求解微带线 TL4 对应的物理尺寸，其结果如图 2.44 所示。

2. 电路模型仿真

(1) 保存电路原理图。回到电路原理图设计界面，将电路原理图"circuit structure"另存为"microstrip circuit structure"。执行菜单命令【File】→【Save As...】，在弹出的另存为对话框中将单元（Cell）的名称修改为"microstrip circuit structure"，如图 2.45 所示。单击【OK】按钮完成电路原理图的保存。

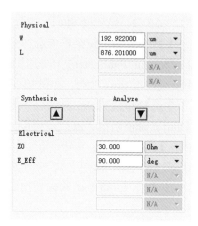

图 2.43　求解 TL3 的物理尺寸

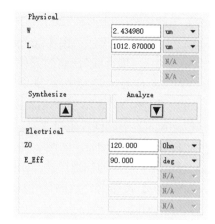

图 2.44　求解 TL4 的物理尺寸

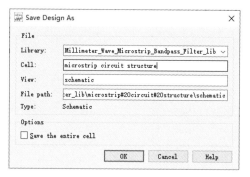

图 2.45　另存为对话框

（2）删除耦合线和传输线模型。在电路原理图"microstrip circuit structure"中删除理想的耦合线和传输线模型，如图 2.46 所示。

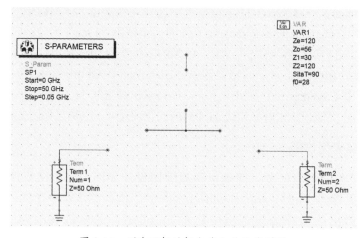

图 2.46　删除理想的耦合线和传输线模型

（3）添加耦合微带线。如图 2.47 所示，在左侧元件面板列表的下拉菜单中选择【TLines-Microstrip】，这里面包含一些常用的微带分布参数元件模型，如微带线、耦合微带线等。单击【TLines-Microstrip】下的耦合微带线图标 （带有物理尺寸参数），在原理想耦合线的位置添加两对耦合微带线，按 "Esc" 键退出。至此，耦合微带线即添加完成，如图 2.48 所示。

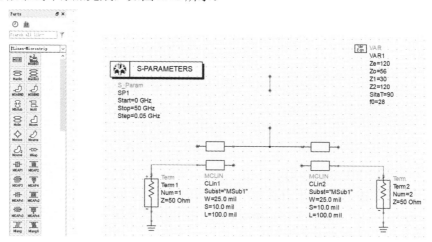

图 2.47 选择【TLines-Microstrip】　　　图 2.48 添加带有物理尺寸的耦合微带线

（4）添加微带线。单击【TLines-Microstrip】下的微带线图标 （带有物理尺寸参数），在原理想传输线的位置添加两条微带线，如图 2.49 所示；按 "Esc" 键退出；依次用鼠标右键单击添加的两条微带线，在弹出的菜单中选择【Rotate】，将其沿顺时针方向旋转 90°。至此，微带线即添加并旋转完成，如图 2.50 所示。

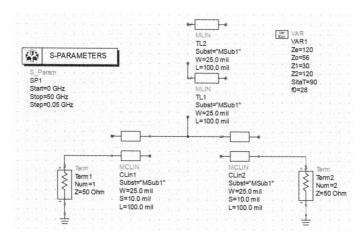

图 2.49 添加带有物理尺寸的微带线

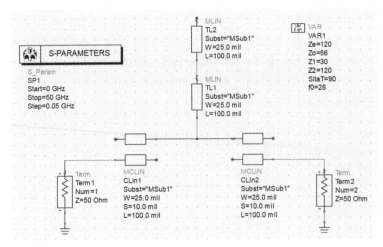

图 2.50　微带线旋转完成

（5）设置基板参数。单击【TLines-Microstrip】下的微带基板 MSUB 图标，会出现版图精度设置对话框，如图 2.51 所示。在此选择"Standard ADS Layers, 0.001 micron layout resolution"，即精度为 0.001 μm（注：本章中单位统一为 μm），单击【Finish】按钮后，在绘图区添加一个基板参数控件，双击绘图区内的图标设置基板参数，设置衬底厚度 H = 100 μm，相对介电常数 Er = 12.9，损耗角正切 TanD = 0.001，微带线金属的厚度 T = 1.065 μm，如图 2.52 所示。单击【OK】按钮保存，得到图 2.53 所示的电路。

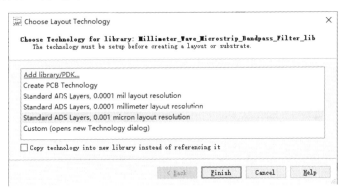

图 2.51　版图精度设置对话框

（6）修改电路模型参数。双击耦合微带线 CLin1，在弹出的对话框中设置其参数值为 W（μm）、S（μm）、L（μm）（注意检查单位设置是否一致），如图 2.54 所示；单击【OK】按钮保存设置。类似地，分别设置 CLin2 的参数值为 W（μm）、S（μm）、L（μm），如图 2.55 所示；TL1 的参数值为 Ws1（μm）、Ls1（μm），如图 2.56 所示；TL2 的参数值为 Ws2（μm）、Ls2（μm），如图 2.57 所示。

第 2 章 毫米波微带带通滤波器的设计与仿真

图 2.52 MSUB 板材参数设置

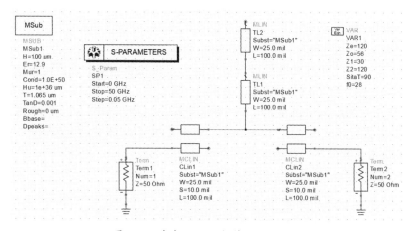

图 2.53 完成 MSUB 控件设置的电路

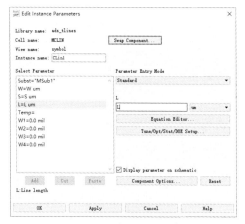

图 2.54 耦合微带线 CLin1 参数设置

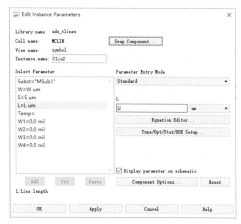

图 2.55 耦合微带线 CLin2 参数设置

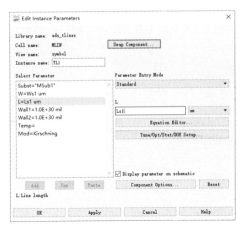

图 2.56　微带线 TL1 参数设置　　　　图 2.57　微带线 TL2 参数设置

（7）定义变量的参数值。选中电路原理图绘图区原本的变量控件，按 "Delete" 键将其删除；在工具栏中单击变量控件图标，在电路原理图空白处单击鼠标左键添加一个变量控件（也可不将原本的变量控件删除，直接添加新的变量控件），双击该控件打开变量编辑对话框，参照 2.2.1 节中设置变量的方法，对应图 2.42、图 2.43 和图 2.44，依次设置各个参数值：W = 11.01，S = 33.67，L = 999.31，Ws1 = 192.92，Ls1 = 876.20，Ws2 = 2.43，Ls2 = 1012.87（精确到 0.01 μm 即可），全部设置完成后如图 2.58 所示；单击【OK】按钮关闭该对话框，最终的毫米波微带带通滤波器的微带电路仿真模型如图 2.59 所示。

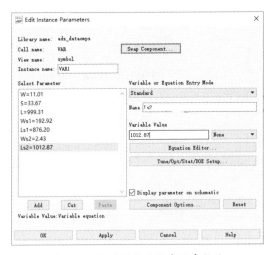

图 2.58　定义该电路所有的参数值

（8）微带电路仿真。执行菜单命令【Simulate】→【Simulate】进行仿真，仿真结束后数据显示窗口会被打开，参照 2.2.2 节中的方法查看并处理 dB(S(1,1))和

dB(S(2,1))曲线,最终结果如图 2.60 所示。

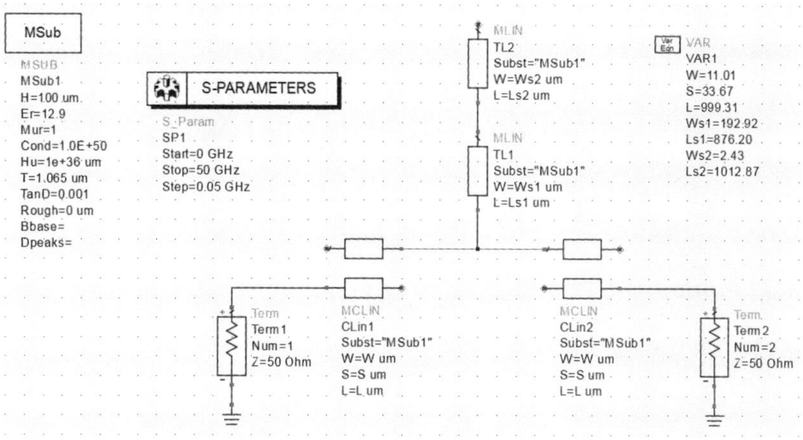

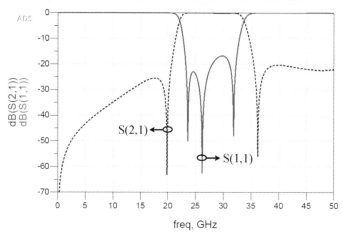

图 2.59 毫米波微带带通滤波器的微带电路仿真模型

图 2.60 微带电路仿真 dB(S(1,1))和 dB(S(2,1))曲线图

(9) 仿真结果分析。对比图 2.38 和图 2.60 可以发现,毫米波微带带通滤波器的微带电路仿真结果与理想参数仿真结果存在一定的差距,微带电路性能有一定程度的劣化。

2.2.4 仿真目标参数调谐

为使毫米波微带带通滤波器微带电路的性能达到更优,要对其进行仿真目标参数调谐。调谐可实现对目标器件的连续性改变,并在输出窗口中查看相应的曲线改变,以取得较优的参数值。

(1) 设置可调谐参数。双击变量控件 ,打开的窗口中已选中第一个变量

W，单击【Tune/Opt/Stat/DOE Setup...】，弹出图 2.61 所示的调谐设置对话框，在【Tuning Status】栏中选择"Enabled"，根据具体情况修改调谐最小值（Minimum Value）、最大值（Maximum Value）和步长（Step Value），如图 2.62 所示；单击【OK】按钮关闭该对话框，这样就将变量 W 设置为可调谐的参数；类似地，依次将其余变量设置为可调谐参数，设置完成后单击【OK】按钮关闭变量编辑对话框，此时的变量控件如图 2.63 所示。

图 2.61 调谐设置对话框（设置前）　　图 2.62 调谐设置对话框（设置后）　　图 2.63 完成调谐设置后的变量控件

（2）调谐。执行菜单命令【Simulate】→【Tuning】（或者在工具栏中单击【Tuning】图标 ），进行调谐，会弹出图 2.64 所示的调谐对话框。滑动滑块或单击上/下调节按钮即可调节已设置的参数，同时数据显示窗口中的 S 参数曲线图也会发生相应的变化。

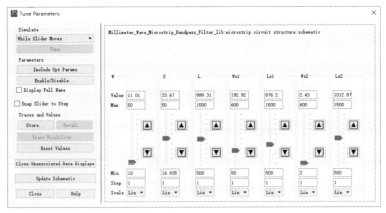

图 2.64 调谐对话框

（3）选择较优值。对比输出的 S 参数曲线和预期的毫米波微带带通滤波器性能，调节参数的较优值，这里选择图 2.65 所示的值，对应的 dB(S(1,1))和 dB(S(2,1))曲线图如图 2.66 所示。单击调谐对话框左侧的【Update Schematic】按钮，将参数更新到电路原理图，然后关闭调谐对话框。

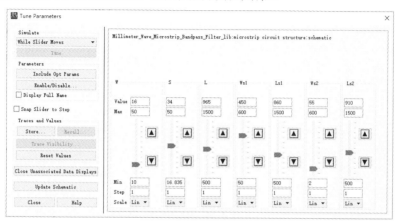

图 2.65　较优值选择

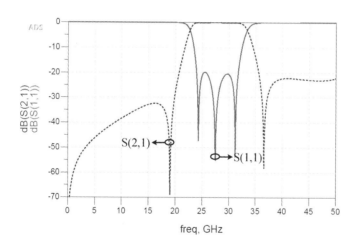

图 2.66　调谐后的 dB(S(1,1))和 dB(S(2,1))曲线图

2.3　毫米波微带带通滤波器版图

由于实际电路的性能往往会与理想性能有差距，这就要考虑一些干扰、耦合等因素的影响，因此需要利用 ADS 进行版图仿真。

2.3.1 层信息设置

由于本章介绍的带通滤波器采用微带线搭建，须进行接地设置，故本章采用新的可打通孔的 TFIPD 工艺。所有电路元件均构建在相对介电常数为 12.9，损耗角正切为 0.001，厚度为 100 μm 的砷化镓（GaAs）衬底上。使用电导率为 4.1×10^7 S/m 的金属层来实现微带线。

绘制版图前，必须根据所采用的 TFIPD 工艺在版图中进行层信息的设置。

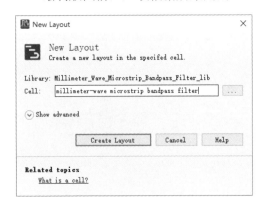

图 2.67 新建版图对话框

1. 新建版图

返回"Millimeter_Wave_Microstrip_Bandpass_Filter_wrk"工作空间主界面，执行菜单命令【File】→【New】→【Layout...】，打开图 2.67 所示的新建版图对话框，将单元（Cell）名称修改为"millimeter-wave microstrip bandpass filter"；单击【Create Layout】按钮，由于之前仿真微带线电路模型时已进行版图精度设置，这里便不会再出现版图精度设置对话框，而是直接弹出版图绘制窗口，如图 2.68 所示。

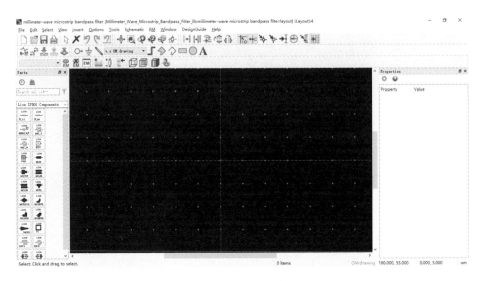

图 2.68 版图绘制窗口

2. 新建板材并添加介质和导体

（1）新建板材。在版图绘制窗口，执行菜单命令【EM】→【Substrate...】，在弹出的信息提示对话框中单击【OK】按钮，弹出如图 2.69 所示的新建衬底对话框，在此可以对名称（File name）和层信息设置模板（Template）进行相应修改。此处文件名称保持默认；因本次 TFIPD 技术采用砷化镓（GaAs）衬底，所以在【Template】栏中选择"100umGaAs"，单击【Create Substrate】按钮，弹出层信息设置窗口。执行菜单命令【View】→【View All】，此时的层信息设置窗口如图 2.70 所示。

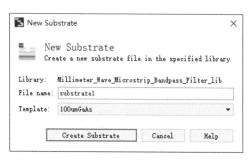

图 2.69　新建衬底对话框

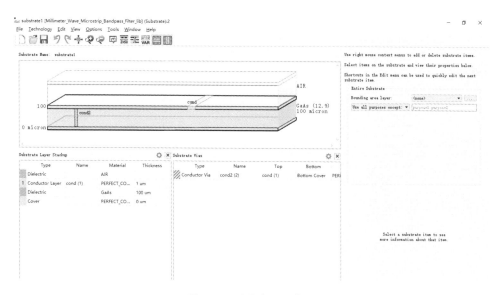

图 2.70　层信息设置窗口

（2）添加导体。在层信息设置窗口执行菜单命令【Technology】→【Material

Definitions...】，打开如图 2.71 所示的材料定义窗口，选择【Conductors】选项卡，按照图 2.72 所示定义相关导体，具体做法为：单击图 2.72 中右下角的【Add From Database...】按钮，若在弹出的从数据库中添加材料窗口（见图 2.73）中存在要添加的导体，则选中此导体，单击【OK】按钮，完成添加；若没有要添加的导体，则单击【Add Conductor】按钮，添加一个导体后，修改其相关信息；此外，对于不需要的导体，可单击图 2.72 中右下角的【Remove Conductor】按钮将其移除；全部完成后，单击【Apply】按钮。

图 2.71　材料定义窗口

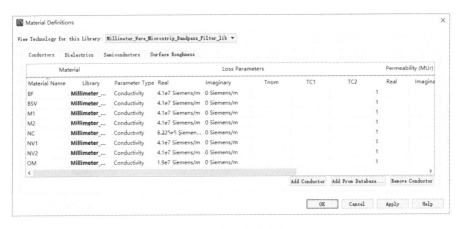

图 2.72　导体定义完成

（3）添加介质。选择【Dielectrics】选项卡，按照图 2.74 所示添加和修改相关介质，具体做法为：单击图 2.74 中右下角的【Add From Database...】按钮，若在弹出的从数据库中添加材料窗口（见图 2.75）中存在要添加的介质，则选中此介质，单击【OK】按钮，完成添加；若没有要添加的介质，则单击【Add

第 2 章　毫米波微带带通滤波器的设计与仿真

Dielectric】按钮，添加一个介质后，修改其相关信息；此外，对于不需要的介质，可单击图 2.74 中右下角的【Remove Dielectric】按钮将其移除；全部完成后，单击【OK】按钮，关闭材料定义窗口。

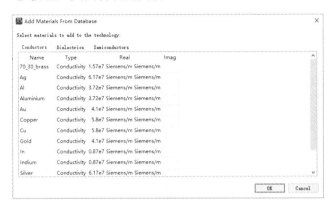

图 2.73　从数据库中添加材料窗口（一）

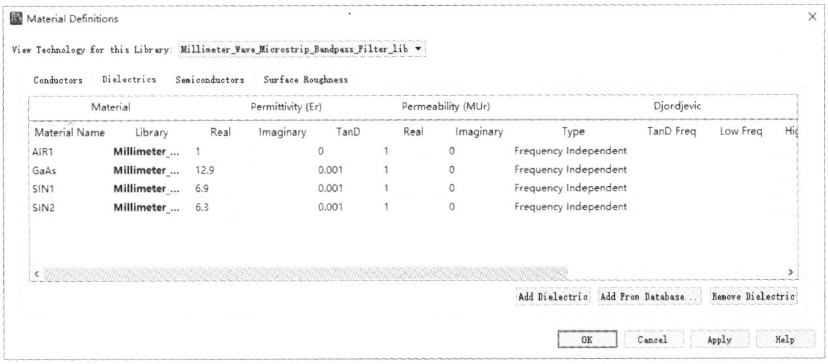

图 2.74　介质定义完成

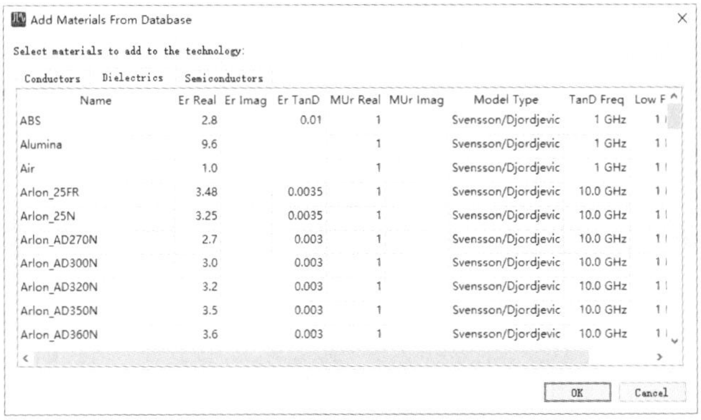

图 2.75　从数据库中添加材料窗口（二）

3. 定义层

执行菜单命令【Technology】→【Layer Definitions...】，选择【Layers】选项卡，打开图 2.76 所示的层定义窗口，按照图 2.77 所示定义相关层，具体做法为：单击【Add Layer】按钮，添加一个层后，修改其相关信息。

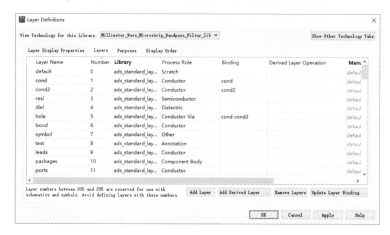

图 2.76 层定义窗口

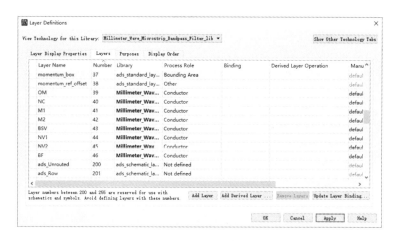

图 2.77 层定义完成

4. 设置层信息

（1）选中 cond 层，单击鼠标右键，在弹出的菜单中选择【Unmap】，删除该层导体（或者选中 cond 层，按"Delete"键删除该层导体）；用同样的方法删除 cond2 层。

（2）设置介质层。选中已存在的介质层，单击鼠标右键，在弹出的菜单中选择【Insert Substrate Layer】，即可插入一个新介质层；选中要修改的介质层，可在窗口右侧的【Substrate Layer】栏中修改其相关信息。

（3）设置导体层。选中要插入导体层的介质层的表面，单击鼠标右键，在弹出的菜单中选择【Map Conductor Layer】，即可插入一个新导体层；选中要修改的导体层，可在窗口右侧的【Conductor Layer】栏中修改其相关信息。

（4）设置通孔。选中要插入通孔的介质层，单击鼠标右键，在弹出的菜单中选择【Map Conductor Via】，即可插入一个通孔；选中要修改的通孔，可在窗口右侧的【Conductor Via】栏中修改其相关信息。

（5）层信息设置如图 2.78 所示。其中：底层为 Cover；GaAs 层的【Thickness】为 100 μm；OM 层的【Process Role】选择"Conductor"，【Material】选择"OM"，【Operation】选择"Expand the substrate"，【Position】选择"Above interface"，【Thickness】为 0.276 μm；第 1 层 SIN1 层的【Thickness】为 0.1 μm；NC 层的【Process Role】选择"Conductor"，【Material】选择"NC"，【Operation】选择"Expand the substrate"，【Position】选择"Above interface"，【Thickness】为 0.035 μm；第 2 层 SIN1 层的【Thickness】为 0.0515 μm；M1 层的【Process Role】选择"Conductor"，【Material】选择"M1"，【Operation】选择"Expand the substrate"，【Position】选择"Above interface"，【Thickness】为 1.065 μm；SIN2 层的【Thickness】为 0.37 μm；AIR1 层的【Thickness】为 2.19 μm；M2 层的【Process Role】选择"Conductor"，【Material】选择"M2"，【Operation】选择"Expand the

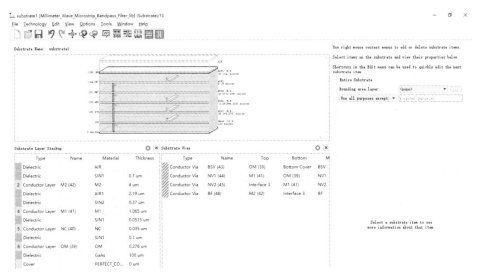

图 2.78　层信息设置

substrate",【Position】选择"Above interface",【Thickness】为 4 μm；第 3 层 SIN1 层的【Thickness】为 0.1 μm；顶层为开放的 AIR 层；BSV 层的【Process Role】选择"Conductor Via",【Material】选择"BSV"；NV1 层的【Process Role】选择"Conductor Via",【Material】选择"NV1"；NV2 层的【Process Role】选择"Conductor Via",【Material】选择"NV2"；BF 层的【Process Role】选择"Conductor Via",【Material】选择"BF"。

（6）此外，还可以通过菜单命令【Technology】→【Layer Definitions...】打开【Layer Definitions】窗口，修改各层显示的颜色、样式等，如图 2.79 所示。此处均保持默认设置。

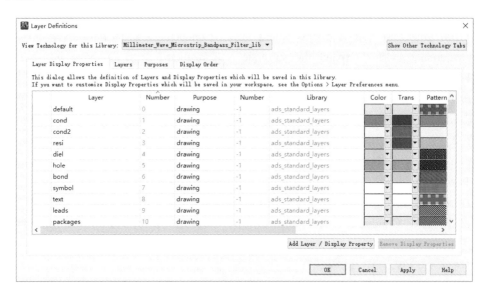

图 2.79　修改图层颜色和样式

2.3.2　毫米波微带带通滤波器版图设计

（1）为方便绘制版图，先在版图中将图 2.80 中虚线框内的功能键选中；执行菜单命令【Options】→【Preferences...】，打开【Preferences for Layout】对话框，选择【Grid/Snap】选项卡，将【Spacing】区域的"Snap Grid Distance (in layout units)"、"Snap Grid Per Minor Display Grid"和"Minor Grid Per Major Display Grid"设置为合适值，此处按图 2.81 所示设置（或者在版图绘制区单击鼠标右键，在弹出的菜单中选择【Grid Spacing...】下的"< 0.1-1-100 >"；或者使用快捷键"Ctrl + Shift + 8"）。

图 2.80 选中绘制功能键

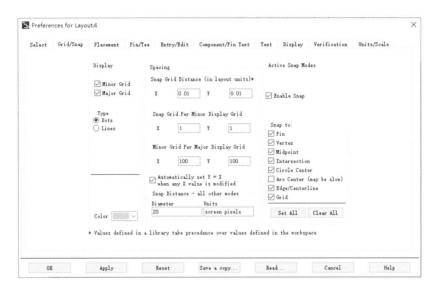

图 2.81 修改绘制最小精度

（2）绘制耦合微带线和微带线。执行菜单命令【Insert】→【Shape】→【Rectangle】，在版图中插入一个矩形；按"Esc"键退出；选中新插入的矩形，在窗口右侧【Properties】下的【All Shapes】→【Layer】栏中选择"M1:drawing"，依照图 2.65 所示的调谐较优值设置【Rectangles】→【Width】栏和【Height】栏；对于耦合微带线，应先根据耦合微带线的长度和宽度绘制两条尺寸相同的微带线（也可先绘制一条微带线，再选中该微带线，依次按快捷键"Ctrl+C"和"Ctrl+V"进行复制和粘贴），然后选中其中一条微带线，长按鼠标左键并移动其位置，使其与另外一条微带线保持一定的耦合间隙，如图 2.82 所示。

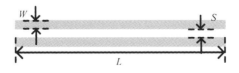

图 2.82 绘制耦合线

（3）微带线"尖角"处理。为减小微带线连接对电路的影响，应对微带线进

81

图2.83 插入三角形

行"尖角处理",具体操作步骤为:执行菜单命令【Insert】→【Shape】→【Polygon】(或者单击工具栏中的【Create A New Polygon】图标 ；或者使用快捷键"Shift + P"),在微带线需要进行"尖角处理"的位置插入一个三角形;按"Esc"键退出;选中新插入的三角形,在窗口右侧【Properties】下的【All Shapes】→【Layer】栏中选择"OM:drawing";类似地,在对侧位置插入一个对称的三角形,以保证微带线尖角的对称性,如图 2.83 所示;长按"Ctrl"键,依次选中需要进行"尖角处理"的微带线和插入的两个三角形,执行菜单命令【Edit】→【Boolean Logical...】,在弹出的布尔逻辑运算对话框中,按照图 2.84 所示修改 M1 层和 OM 层之间的布尔相减运算,单击【OK】按钮完成运算。"尖角处理"后的微带线如图 2.85 所示。

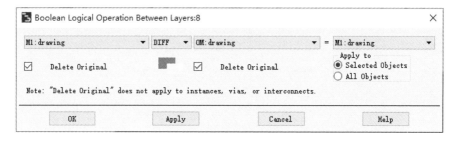

图 2.84 布尔逻辑运算对话框

图 2.85 "尖角处理"后的微带线

(4)绘制信号焊盘。因后期使用"接地-信号-接地"(Ground-Single-Ground,GSG)探针测试,故版图中在 I/O 端口加入信号焊盘(焊盘大小均为 100 μm × 100 μm)。

考虑到在探针测试时探针要扎下去一定的深度,故使用多层金属层绘制焊盘,以免被探针扎穿;而通孔则确保连通最上层的金属层和最下层的接地层。

绘制焊盘的步骤为:执行菜单命令【Insert】→【Shape】→【Rectangle】,在版图中插入一个矩形;按"Esc"键退出;选中新插入的矩形,在窗口右侧【Properties】下的【All Shapes】→【Layer】栏中选择"OM:drawing",【Rectangles】→【Width】和【Height】栏可根据实际情况进行设置,这里均设置为 100;执行菜单命令【Edit】→【Copy/Paste】→【Copy To Layer...】,在弹出的图层复制窗口中选择【M1:drawing】,单击【Apply】按钮,在原位置复制一个 M1 层;类似地,在原位置再复制 M2 层、BF 层、NV1 层和 NV2 层各一个,全部复制完成后单击【Cancel】按钮关闭此窗口。然后进行层缩进,将焊盘版图的 M1 层选中,执行菜单命令【Edit】→【Scale/Oversize】→【Oversize...】,因 M1 层比 OM 层相对缩进 0.5 μm,所以在弹出的缩进对话框的【Oversize(+)/Undersize(-)】中输入-0.5,单击【Apply】按钮完成缩进;类似地,使 M2 层比 OM 层相对缩进 1 μm,BF 层比 OM 层相对缩进 1.5 μm,NV1 层比 OM 层相对缩进 2 μm,NV2 层比 OM 层相对缩进 3 μm。

(5)绘制接地焊盘。接地焊盘采用两个焊盘并联的形式,其中一个焊盘的中心位置有圆形接地孔(接地孔半径为 20 μm)。两个焊盘的绘制步骤和步骤(4)相同。绘制接地孔的具体步骤为:执行菜单命令【Insert】→【Shape】→【Circle】(或者单击工具栏中的【Insert Circle】图标◯),在其中一个焊盘中心插入一个圆形,按"Esc"键退出;选中新插入的圆形,在窗口右侧【Properties】下的【All Shapes】→【Layer】栏中选择"BSV:drawing",【Circles】→【Radius】栏可根据实际情况修改接地孔半径(这里修改为 20)。两个焊盘的并联方式为:参照步骤(1)插入一段【Width】和【Height】均为 150 μm 的微带线(M1 层金属),然后选中有接地孔的焊盘,长按鼠标左键将其移动至新插入并联微带线的中心位置,再选中该微带线和有接地孔的焊盘,长按鼠标左键移动其位置,使微带线边缘与所绘制另一个焊盘的 M1 层相连接,最终构成完整的接地焊盘,如图 2.86 所示。

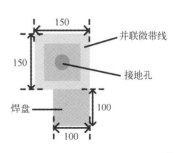

图 2.86 实现过孔接地的接地焊盘

(6)版图布局和元件连接。综合电路尺寸和版图美观等各方面因素,对版图进行整体布局,并依照图 2.24 所示的仿真电路模型进行元件连接，其中耦合线需和 I/O 焊盘的 M1 层相连接。最终版图如图 2.87 所示；GSG 焊盘的细节布局如图 2.88 所示（单位：μm）。

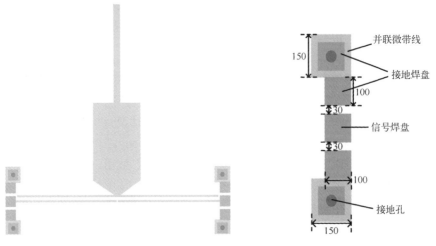

图 2.87　最终版图　　　　图 2.88　GSG 焊盘的细节布局

2.3.3　版图仿真

（1）插入仿真端口。执行菜单命令【Insert】→【Pin】，单击鼠标左键分别在 GSG 焊盘上添加引脚（Pin），因测试所用探针间距为 100 μm，故使引脚垂直距离为 100 μm；长按"Ctrl"键，依次选中所有的引脚，在窗口右侧【Properties】下的【All Shapes】→【Layer】栏中选择"M2:drawing"，添加的引脚如图 2.89 所示。

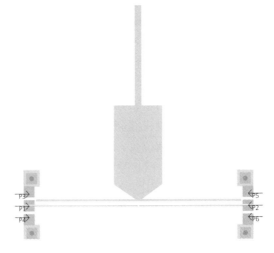

图 2.89　添加的引脚

（2）编辑端口。单击工具栏中的【Port Editor】图标，弹出图 2.90 所示的端口编辑对话框。由于 P1、P3、P4 构成 GSG 结构，P1 为输入端口，P3 和 P4 为接地端口且共地，所以用鼠标左键依次长按 P3 和 P4 端口，并将其拖曳到 P1 端口的 Gnd 位置；类似地，由于 P2、P5、P6 构成 GSG 结构，P2 为输出端口，P5 和 P6 为接地端口且共地，所以用鼠标左键依次长按 P5 和 P6 端口，并将其拖曳到 P2 端口的 Gnd 位置。编辑后的端口编辑对话框如图 2.91 所示。

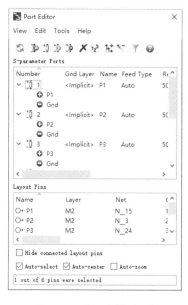
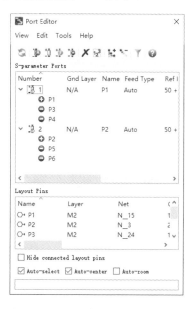

图 2.90　端口编辑对话框　　　　　图 2.91　端口编辑对话框（编辑后）

（3）修改仿真控制设置。执行菜单命令【EM】→【Simulation Setup...】，在弹出的新建 EM 设置视图对话框（如图 2.92 所示）中单击【Create EM Setup View】按钮，弹出仿真控制窗口（如图 2.93 所示），选择 EM 求解器。通常选用第 2 种方法"Momentum Microwave"，该方法运行速度较快，且精度符合应用要求（第 1 种方法"Momentum RF"运行速度最快，但精度最低；第 3 种方法"FEM"即有限元法，其精度最高，但运行速度最慢，主要针对一些复杂的三维结构）。选择【Frequency plan】选项卡，修改仿真频率范围，在【Type】栏中选择"Adaptive"，将【Fstart】栏设置为 0 GHz，将【Fstop】栏设置为 50 GHz，将【Npts】栏设置为 15。选择【Options】选项卡，单击【Preprocessor】，选择【Heal the layout】区域的"User specified snap distance"选项，将自定义切割距离设置为 2.5 μm；单击【Mesh】，选中"Edge mesh"选项；其他保持默认设置。设置完成后，关闭仿真控制窗口，单击【OK】按钮保存设置的更改。

图 2.92 新建 EM 设置视图对话框

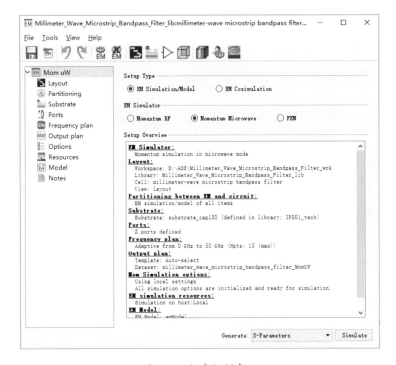

图 2.93 仿真控制窗口

（4）版图仿真。执行菜单命令【EM】→【Simulate】进行仿真，在仿真过程中会弹出状态窗口显示仿真进程。整个仿真过程一般比较漫长，仿真结束后会自动弹出数据显示窗口，可以参照 2.2.2 节中介绍的方法查看并处理 dB(S(1,1))和 dB(S(2,1))曲线，最终结果如图 2.94 所示。

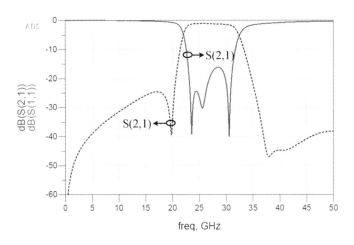

图 2.94 版图仿真 dB(S(1,1))和 dB(S(2,1)曲线图

2.3.4 参数优化

(1) 参数优化。对比图 2.66 和图 2.94 可以发现，毫米波微带带通滤波器的版图仿真结果与对应的微带线电路模型仿真结果有一定的差距，故应调整其版图物理尺寸，对其进行版图参数优化。优化后的版图如图 2.95 所示（单位：μm）。

(2) 版图仿真。参照 2.3.3 节中介绍的方法对优化后的版图进行仿真，得到的 dB(S(1,1))和 dB(S(2,1))曲线如图 2.96 所示。

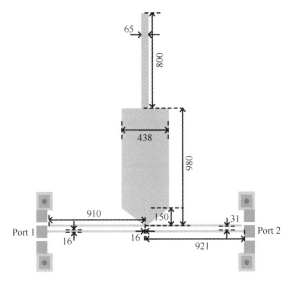

图 2.95 优化后的版图

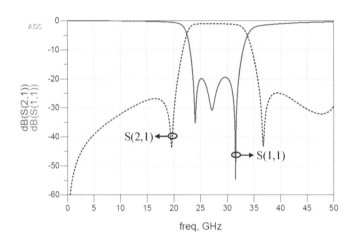

图 2.96 优化后的版图仿真 dB(S(1,1))和 dB(S(2,1))曲线图

（3）仿真结果分析。对比图 2.38 和图 2.96 可知，此毫米波微带带通滤波器的理论仿真结果与电磁仿真结果吻合得较好。电磁仿真结果显示：其下降 3 dB 相对带宽（3-dB）为 36.8%（从 22.84 GHz 到 33.15 GHz），3 个传输极点分别位于 24 GHz、27.08 GHz、31.54 GHz，19.56 GHz 和 36.74 GHz 处的两个传输零点提高了其频率选择性；另外，其带内回波损耗大于 19 dB，带外抑制大于 24.5 dB。

第 3 章

输入吸收型带阻滤波器的设计与仿真

滤波器作为射频前端的二端口选频器件,在带通、带阻和可重构类型等多个方面得到了广泛的研究。在有较强干扰的情况下,吸收型带阻滤波器能进行较好的阻带吸收,减少射频信号的功率反射对相邻组件性能的影响。本章将详细介绍一种基于 TFIPD 技术的输入吸收型带阻滤波器[16]的基本原理,以及如何使用 ADS 建立、仿真并优化该输入吸收型带阻滤波器的理想参数仿真模型和相应的全波电磁仿真模型,最后对最终加工的输入吸收型带阻滤波器芯片进行测试,并对测试结果进行分析。

3.1 吸收型带阻滤波器概述

3.1.1 理论基础

带阻滤波器广泛应用于射频/微波系统中。大多数传统的带阻滤波器是反射型的,即不需要的信号将被滤波器反射,在这种情况下,反射的信号就会导致相邻电路组件性能的下降。因此,需要研究可以吸收阻带中不需要的信号的无反射型带阻滤波器或吸收型带阻滤波器。

3.1.2 基本原理

1. 单零点输入吸收型带阻滤波器

图 3.1 所示为单零点输入吸收型带阻滤波器的电路结构,它由基本带阻模块和一个连接在输入端口上的电阻构成。基本带阻模块是传统的三阶带阻滤波器,用于实现宽阻带。根据切比雪夫滤波器原型元件值(g-参数),可以得到基本带

阻模块中集总参数元件的参数值：

$$\begin{cases} L_1 = L_3 = \dfrac{\text{FBW}}{2\pi f_0} \dfrac{Z_0}{\gamma} \\ C_1 = C_3 = \dfrac{1}{2\pi f_0 \text{FBW}} \dfrac{\gamma}{Z_0} \\ L_2 = \dfrac{3+4\gamma^2}{16\pi f_0 \text{FBW}} \dfrac{Z_0}{\gamma} \\ C_2 = \dfrac{4\text{FBW}}{\pi f_0 (3+4\gamma^2)} \dfrac{\gamma}{Z_0} \end{cases} \qquad (3\text{-}1\text{a})$$

其中：

$$\gamma = \sinh\left[\dfrac{\ln\left[-\coth\left(\dfrac{10\lg(1-10^{-\text{RL}_{\min}/10})}{17.37}\right)\right]}{6}\right] \qquad (3\text{-}1\text{b})$$

式中，f_0 和 FBW 分别为带阻滤波器的阻带中心频率和相对带宽，$\text{RL}_{\min}$ 代表所允许的最小通带回波损耗（$\text{RL}_{\min} > 0$）。为了吸收端口 1 的功率，在输入端口和传统的三阶带阻滤波器之间加入一个电阻，其电阻值应满足：

$$R = Z_0 \qquad (3\text{-}2)$$

式中，Z_0 为终端阻抗，$Z_0 = 50\ \Omega$。

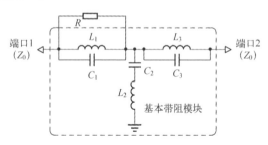

图 3.1 单零点输入吸收型带阻滤波器的电路结构

2. 三零点输入吸收型带阻滤波器

为了进一步提高带阻滤波器的频率选择性和扩大阻带带宽，需要引入串联电感电容谐振器，如图 3.2 所示。基本带阻模块的集总参数元件的参数值（L_1、C_1、L_2、C_2、L_3、C_3）仍由式（3-1）计算得到，R 仍等于 Z_0，而串联电感电容谐振器的集总元件值（L_{p1}、C_{p1}、L_{p2}、C_{p2}）作为自由变量。

第 3 章 输入吸收型带阻滤波器的设计与仿真

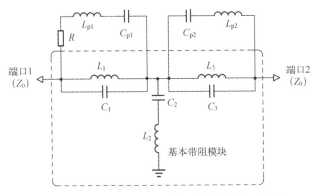

图 3.2 三零点输入吸收型带阻滤波器的电路结构

L_{p1} 和 C_{p1} 的值会影响阻带中心频率 f_0 和回波损耗，而 L_{p2} 和 C_{p2} 会产生两个额外的传输零点。根据 $S_{11}=0$ 的匹配条件，L_{p1} 和 C_{p1} 应满足以下关系：

$$L_{p1} = \frac{1}{C_{p1}\omega_0^2} \tag{3-3a}$$

式中，$\omega_0 = 2\pi f_0$。为了简化，假设 L_{p2} 和 C_{p2} 也满足：

$$L_{p2} = \frac{1}{C_{p2}\omega_0^2} \tag{3-3b}$$

由式（3-1a）、式（3-3b）和 $S_{21}=0$，可以得到额外的传输零点：

$$\begin{cases} f_{z1} = \dfrac{\sqrt{2\omega_0^2 + \dfrac{1}{C_3 L_{p2}} - \omega_0^3 \sqrt{\left(4 + C_{p2}L_3\omega_0^2\right)C_{p2}L_3}}}{2\sqrt{2}\pi} \\ f_{z2} = \dfrac{\sqrt{2\omega_0^2 + \dfrac{1}{C_3 L_{p2}} + \omega_0^3 \sqrt{\left(4 + C_{p2}L_3\omega_0^2\right)C_{p2}L_3}}}{2\sqrt{2}\pi} \end{cases} \tag{3-4}$$

很明显，当集总参数元件的参数值（L_1、C_1、L_2、C_2、L_3、C_3）和电阻（R）由式（3-1）和式（3-2）决定时，根据式（3-4）可知，L_{p2} 和 C_{p2} 控制额外两个传输零点对应的频率。

3.2 输入吸收型带阻滤波器原理图

ADS 可以实现参数化的模型仿真，下面以中心频率 $f_0 = 5$ GHz，终端阻抗 $Z_0 = 50\ \Omega$，相对带宽 FBW = 1.6，所允许的最小通带回波损耗 $RL_{min} = 30$ dB 的单零点输入吸收型带阻滤波器为例，介绍在 ADS 中建立并仿真其理想参数电路模型的方法。带阻滤波器的基本带阻模块元件值 L_1、C_1、L_2、C_2、L_3、C_3 和电阻 R，都可以在 ADS 电路模型中给出参数化定义。

3.2.1 新建工程和仿真电路模型

1. 新建工程

（1）双击 ADS 快捷方式图标 ，在弹出的对话框中单击【OK】按钮，启动 ADS。ADS 运行后会自动弹出【Get Started】窗口，单击其右下角的【Close】按钮，进入 ADS 主界面窗口，如图 3.3 所示。

图 3.3 ADS 主界面窗口

（2）建立一个工作空间，用于存放本次设计仿真的全部文件。执行菜单命令【File】→【New】→【Workspace...】，打开如图 3.4 所示的新建工作空间对话框，在此可以对工作空间名称（Name）和工作路径（Create in）进行相应设置。此处修改工作空间名称为"Input_Absorptive_Bandstop_Filter_wrk"，而工作路径保留默认设置，单击【Create Workspace】按钮完成工作空间的创建。

图 3.4 新建工作空间对话框

（3）ADS 主界面窗口中的【Folder View】会显示所建立的工作空间名称和工作路径，如图 3.5 所示。此时，工作空间的名称为"Input_Absorptive_Bandstop_Filter_wrk"，路径为"D:\ADS\Input_Absorptive_Bandstop_Filter_wrk"。在 D 盘的 ADS 文件夹下可以找到一个名为"Input_Absorptive_Bandstop_Filter_wrk"的子文件夹。

图 3.5　新建工作空间和路径

2. 建立仿真电路模型

（1）新建电路原理图。执行菜单命令【File】→【New】→【Schematic...】，打开如图 3.6 所示的新建电路原理图对话框，修改单元（Cell）的名称为"circuit structure"，单击【Create Schematic】按钮完成电路原理图的创建，如图 3.7 所示。

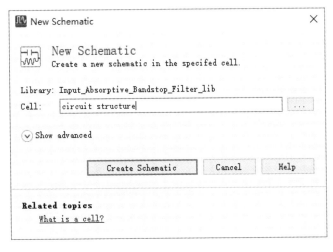

图 3.6　新建电路原理图对话框

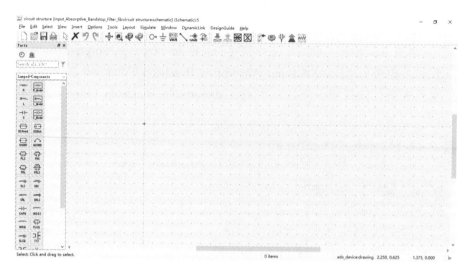

图 3.7 新建电路原理图

（2）添加电感。如图 3.8 所示，在左侧元件面板列表的下拉菜单中选择【Lumped-Components】，这里面包含一些常用的理想集总参数元件模型，如电容、电感、电阻等。单击【Lumped-Components】下的电感图标，在右侧的绘图区添加 3 个电感，如图 3.9 所示；按"Esc"键退出；用鼠标右键单击需要旋转的电感，在弹出的菜单中选择【Rotate】，将其沿顺时针方向旋转 90°，如图 3.10 所示。至此，电感即添加并旋转完成。

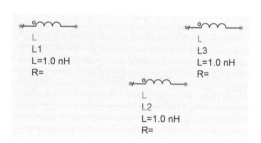

图 3.8　选择【Lumped-Components】　　　图 3.9　添加电感

第 3 章 输入吸收型带阻滤波器的设计与仿真

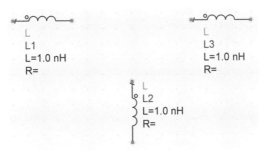

图 3.10 电感旋转完成

（3）添加电容。单击【Lumped-Components】下的电容图标，在绘图区添加 3 个电容，如图 3.11 所示；按"Esc"键退出；用鼠标右键单击需要旋转的电容，在弹出的菜单中选择【Rotate】，将其沿顺时针方向旋转 90°，如图 3.12 所示。至此，电容即添加并旋转完成。

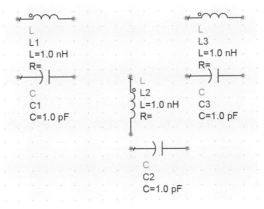

图 3.11 添加电容

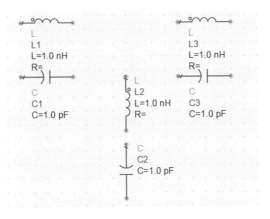

图 3.12 电容旋转完成

（4）添加电阻。单击【Lumped-Components】下的电阻图标，在绘图区添加一个电阻，如图 3.13 所示；按"Esc"键退出。至此，完成电阻的添加。

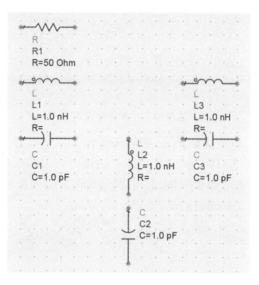

图 3.13　添加电阻

（5）添加接地符号。执行菜单命令【Insert】→【GROUND】，放置一个接地符号，如图 3.14 所示；按"Esc"键退出。至此，完成接地符号的添加。

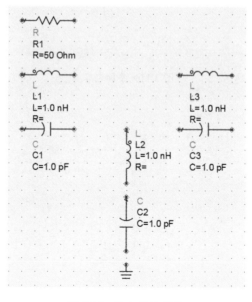

图 3.14　添加接地符号

（6）连接元件。执行菜单命令【Insert】→【Wire】，依据图 3.1 所示的电路结构图连接各个元件，连接完成后如图 3.15 所示。

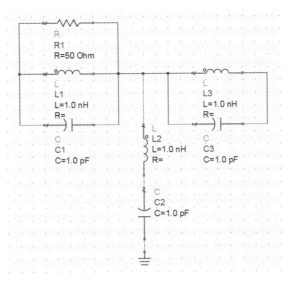

图 3.15　元件连接完成

（7）修改电路模型参数。双击电感 L1，在弹出的参数编辑对话框中，修改其参数值为 L1（nH）（注意检查单位设置是否一致），如图 3.16 所示，单击【OK】按钮保存参数并关闭此对话框。类似地，分别修改 L2 的参数值为 L2（nH），L3 的参数值为 L3（nH），C1 的参数值为 C1（pF），C2 的参数值为 C2（pF），C3 的参数值为 C3（pF），R1 的参数值为 R（Ohm），如图 3.17～图 3.22 所示。

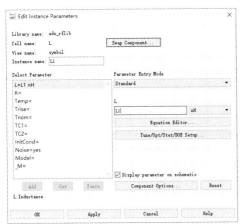

图 3.16　电感 L1 参数设置

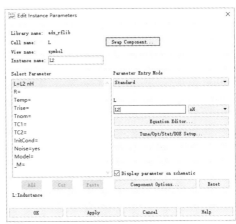

图 3.17　电感 L2 参数设置

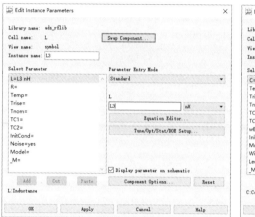

图 3.18 电感 L3 参数设置

图 3.19 电容 C1 参数设置

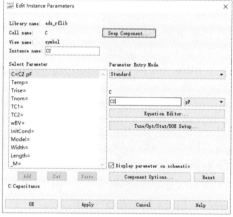

图 3.20 电容 C2 参数设置

图 3.21 电容 C3 参数设置

图 3.22 电阻 R1 参数设置

（8）定义变量的参数值。在工具栏中单击变量控件图标，在电路原理图空白处单击鼠标左键添加一个变量控件，双击该控件打开变量编辑对话框，其中：【Variable or Equation Entry Mode】栏默认是标准模式（Standard）；在【Name】栏中输入变量的名字 L1，在【Variable Value】栏中输入变量的值 1.36，单击【Apply】按钮，设置后的对话框如图 3.23 所示。如果单击【OK】按钮，则直接关闭该对话框。接下来依次设置其余的各个参数值：C1 = 0.74，L2 = 1.13，C2 = 0.90，L3 = 1.36，C3 = 0.74，R1 = 50，如图 3.24 所示。在设置其余参数时，要单击【Add】按钮进行添加，如果单击【Apply】按钮则直接替换当前左侧参数列表中选中的变量；另外，在设置变量值时，不需要添加单位，因为在模型中已经对各个变量的单位进行了定义。

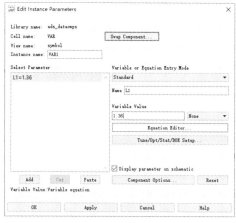

图 3.23　定义变量 L1 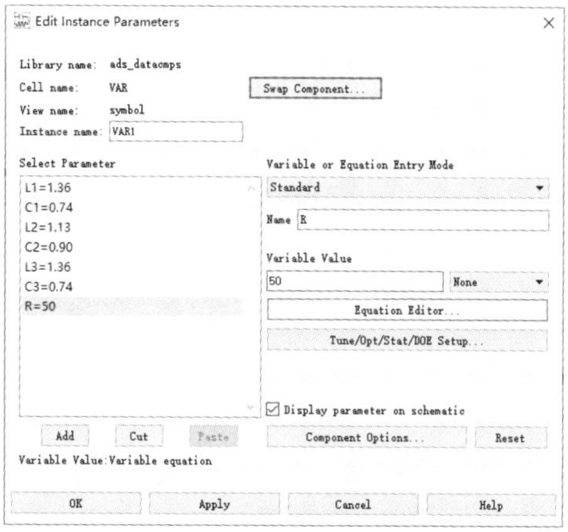　　　　图 3.24　定义该电路所有的参数值

（9）ADS 的变量控件提供了 3 种添加变量的方法（分别为 Name=Value、Standard 和 File Based），可以在【Variable or Equation Entry Mode】栏中选择最适合的方法。下面介绍第 2 种方法，选择【Name=Value】模式，如图 3.25 所示。在此可以直接输入 L1 = 1.36，单击【Apply】按钮即可。类似地，在设置其余参数时，要单击【Add】按钮进行添加。

（10）完成参数定义。定义好所有参数后，单击【OK】按钮，最终的理

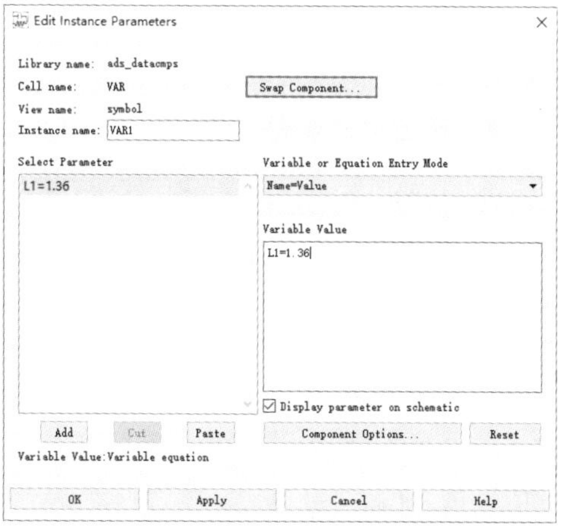

图 3.25　定义变量 L1 的第 2 种方法

想参数定义的单零点输入吸收型带阻滤波器电路模型如图 3.26 所示。读者可以对比电路结构图的参数，详细检查所有参数的设置是否正确。

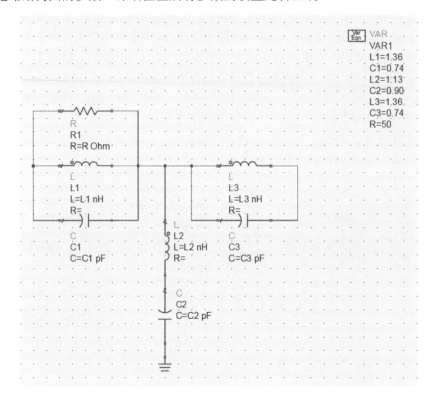

图 3.26　理想参数定义的单零点输入吸收型带阻滤波器电路模型

3.2.2　原理图仿真

1．设置仿真参数

（1）添加 S 参数仿真器、仿真端口和接地符号。如图 3.27 所示，在左侧元件面板列表的下拉菜单中选择【Simulation-S_Param】，单击其中的 S 参数仿真器，在绘图区添加一个 S 参数仿真器；单击【Term】端口，添加两个仿真端口；按"Esc"键退出。执行菜单命令【Insert】→【GROUND】，放置两个接地符号（或者直接单击【Simulation-S_Param】下的【TermG】端口，添加两个有接地参考面的仿真端口）；执行菜单命令【Insert】→【Wire】，连接仿真端口；完成后按"Esc"键退出。

（2）设置 S 参数仿真器频率范围及间隔。双击绘图区的 S 参数仿真器

,按图 3.28 所示完成设置,其仿真起始频率(Start)为 0 GHz,截止频率(Stop)为 16 GHz,间隔(Step-size)为 0.01 GHz,单击【OK】按钮,得到最终的单零点输入吸收型带阻滤波器电路的理想参数仿真电路模型,如图 3.29 所示。

图 3.27 选择【Simulation-S_Param】　　图 3.28 仿真频率范围参数设置

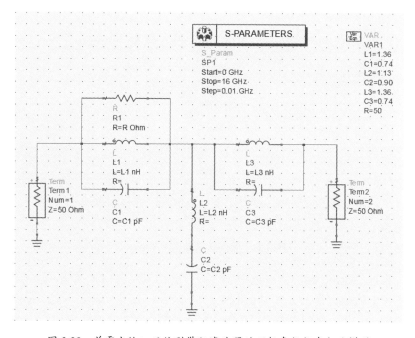

图 3.29 单零点输入吸收型带阻滤波器的理想参数仿真电路模型

101

2．查看仿真结果

（1）执行菜单命令【Simulate】→【Simulate】进行仿真，仿真结束后，数据显示窗口会被打开，如图3.30所示。

图3.30　数据显示窗口

（2）单击左侧【Palette】控制板中的图标 ▦ ，在空白的图形显示区单击鼠标左键，打开如图3.31所示的对话框，设置需绘制的参数曲线。

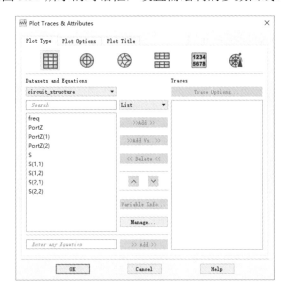

图3.31　添加仿真结果对话框

（3）长按"Ctrl"键，依次选中 S(1,1)、S(2,1)和 S(2,2)，单击【>>Add>>】按钮，在弹出的数据显示方式对话框中选择【dB】选项，如图 3.32 所示。单击【OK】按钮，可以观察到在右侧【Traces】列表框中增加了 dB(S(1,1))、dB(S(2,1))和 dB(S(2,2))，如图3.33所示。

图 3.32 数据显示方式对话框　　图 3.33 添加 S(1,1)、S(2,1)和 S(2,2)曲线图

（4）单击图 3.33 中左下角的【OK】按钮，图形显示区就会出现 dB(S(1,1))、dB(S(2,1))和 dB(S(2,2))的曲线图（纵坐标为 dB 值），如图 3.34 所示。

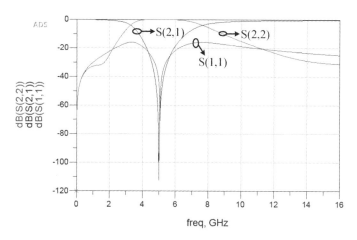

图 3.34　dB(S(1,1))、dB(S(2,1))和 dB(S(2,2))曲线图

3．曲线参数处理

接下来，以 dB(S(1,1))、dB(S(2,1))和 dB(S(2,2))曲线为例，介绍曲线参数处理。类似的方法也可用于处理其他曲线。

（1）Marker 是曲线标记，通过改变 Marker 的位置，可以读取曲线上任意一点的值。执行菜单命令【Marker】→【New...】，打开如图 3.35 所示的对话框，移动光标至需要添加 Marker 的曲线上，单击鼠标左键放置一个 Marker，如图 3.36 所示。类似地，为另两条曲线 dB(S(2,1)) 和 dB(S(2,2)) 添加 Marker。另外，可用鼠标左键长按 Marker 显示数据框，移动其位置。

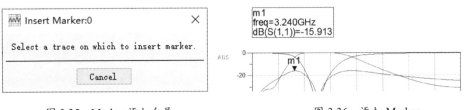

图 3.35　Marker 添加向导　　　　图 3.36　添加 Marker

（2）选中添加的 Marker 后，可以使用键盘上的左、右方向键来调整横坐标（freq）的位置，或者用鼠标左键单击图 3.37 所示位置，直接修改想要查看的具体频率值。此处查看 f_0 = 5 GHz 处的 dB(S(1,1))、dB(S(2,1)) 和 dB(S(2,2)) 的数值，如图 3.38 所示。

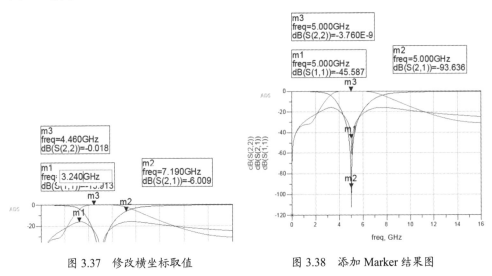

图 3.37　修改横坐标取值　　　　图 3.38　添加 Marker 结果图

（3）下面以修改 Y 轴显示范围及美化曲线为例来介绍数据显示的编辑功能。双击 S 参数结果图，弹出【Plot Traces & Attributes】对话框，选择【Plot Options】选项卡，取消【Auto Scale】选项的选中状态（即不采用软件的自动调节范围），按照图 3.39 所示调整 Y 轴显示范围，得到调整后的 S 参数曲线图，如图 3.40 所示。

第 3 章 输入吸收型带阻滤波器的设计与仿真

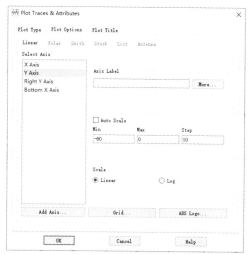

图 3.39 调整 Y 轴显示范围

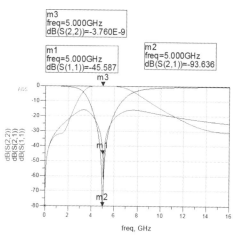

图 3.40 调整 Y 轴后的结果图

（4）此外，还可以修改曲线的类型、颜色和粗细。双击 dB(S(1,1))曲线，打开曲线选项对话框，按照图 3.41 所示进行设置（曲线颜色保持默认）。类似地：设置 dB(S(2,1))曲线选项，如图 3.42 所示；设置 dB(S(2,2))曲线选项，如图 3.43 所示。最终得到的 dB(S(1,1))、dB(S(2,1))和 dB(S(2,2))曲线图如图 3.44 所示。

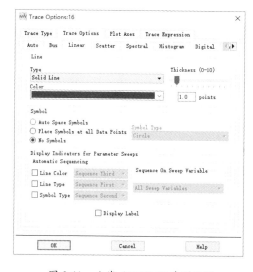

图 3.41 曲线 dB(S(1,1))选项设置

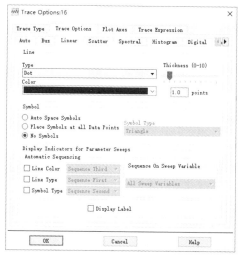

图 3.42 曲线 dB(S(2,1))选项设置

图 3.43　曲线 dB(S(2,2))选项设置

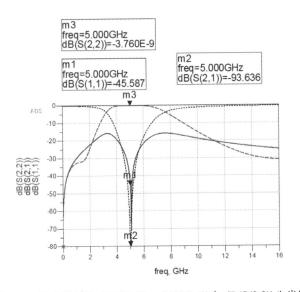

图 3.44　最终得到的 dB(S(1,1))、dB(S(2,1))和 dB(S(2,2))曲线图

3.3　输入吸收型带阻滤波器版图

由于实际电路的性能往往会与理论结果有差距,这就要考虑一些干扰、耦

合等因素的影响,因此需要利用 ADS 进行版图仿真,以及原理图与版图联合仿真。

3.3.1 层信息设置

所有电路元件均构建在相对介电常数为 12.85、损耗角正切为 0.006、厚度为 200 μm 的砷化镓(GaAs)衬底上;使用方块电阻约为 25 Ω/sq、厚度为 75 nm 的镍铬合金(NiCr)层来实现薄膜电阻;两层 5 μm 厚的铜层和中间一层 0.2 μm 厚的氮化硅(Si_3N_4)层用来构建金属-绝缘体-金属(MIM)电容;另外,可在两个铜层之间搭建空气桥,用于连接螺旋电感内的电路和外围电路,这将使得版图布局更加灵活。

绘制版图前,须根据所采用的 TFIPD 工艺在版图中进行层信息设置。

1. 新建版图

返回"Input_Absorptive_Bandstop_Filter_wrk"工作空间主界面,执行菜单命令【File】→【New】→【Layout...】,打开图 3.45 所示的新建版图对话框,将单元(Cell)名称修改为"thin film resistor",单击【Create Layout】按钮,弹出版图精度设置对话框,如图 3.46 所示。在此选择"Standard ADS Layers, 0.001 micron layout resolution",即精度为 0.001 μm(注意:本章中此类单位统一为 μm),单击【Finish】按钮,弹出版图绘制窗口,如图 3.47 所示。

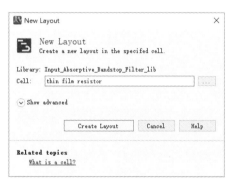

图 3.45 新建版图对话框

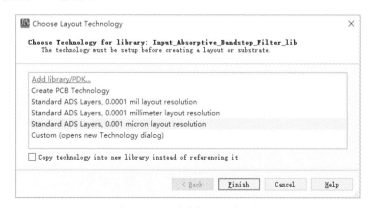

图 3.46 版图精度设置对话框

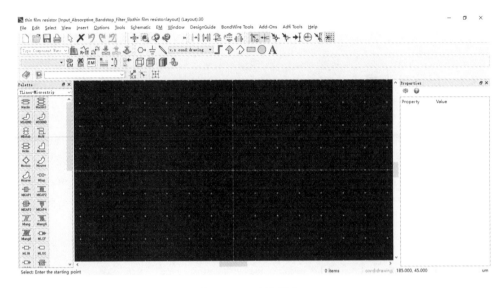

图 3.47 版图绘制窗口

2. 新建板材并添加介质和导体

（1）新建板材。在版图绘制窗口，执行菜单命令【EM】→【Substrate...】，在弹出的信息提示对话框中单击【OK】按钮，弹出如图 3.48 所示的新建衬底对话框，在此可以对名称（File name）和层信息设置模板（Template）进行相应修改。此处文件名称保持默认；因本次 TFIPD 技术采用砷化镓（GaAs）衬底，所以在【Template】栏中选择"100umGaAs"，单击【Create Substrate】按钮，弹出层信息设置窗口。执行菜单命令【View】→【View All】，此时的层信息设置窗口如图 3.49 所示。

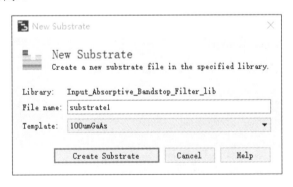

图 3.48 新建衬底对话框

第 3 章 输入吸收型带阻滤波器的设计与仿真

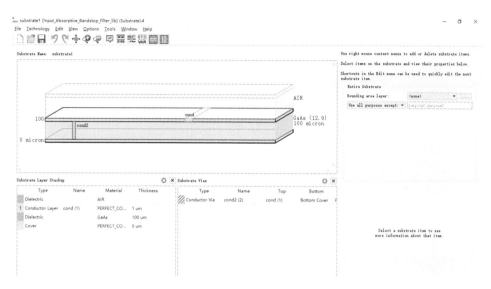

图 3.49 层信息设置窗口

（2）添加导体。在层信息设置窗口执行菜单命令【Technology】→【Material Definitions...】，打开如图 3.50 所示的材料定义窗口，选择【Conductors】选项卡，按照图 3.51 所示定义相关导体，具体做法为：单击图 3.51 中右下角的【Add From Database...】按钮，若在弹出的从数据库中添加材料窗口（见图 3.52）中存在要添加的导体，则选中此导体，单击【OK】按钮，完成添加；若没有要添加的导体，则单击【Add Conductor】按钮，添加一个导体后，修改其相关信息；此外，对于不需要的导体，可单击图 3.51 中右下角的【Remove Conductor】按钮将其移除；全部完成后，单击【Apply】按钮。

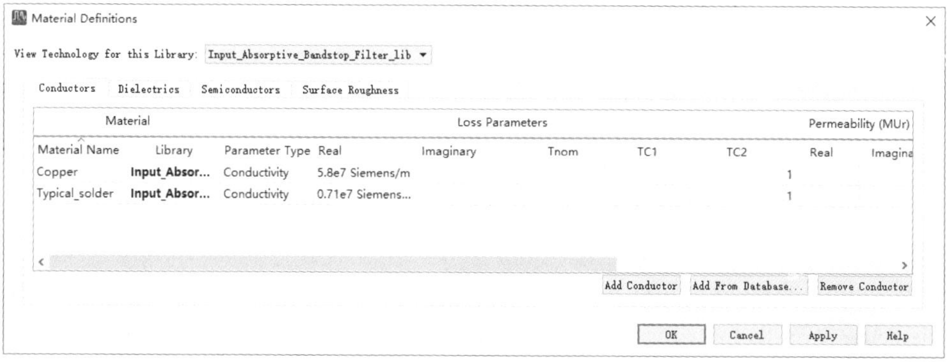

图 3.50 材料定义窗口

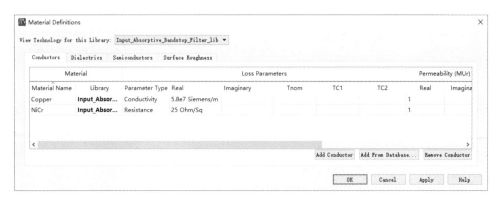

图 3.51　导体定义完成

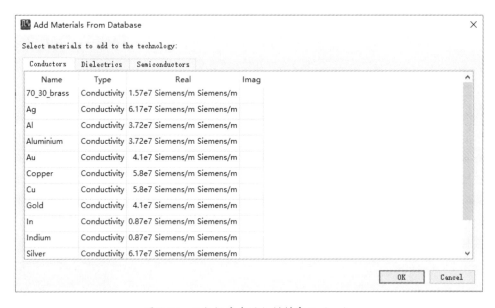

图 3.52　从数据库中添加材料窗口（一）

（3）添加介质。单击【Dielectrics】选项卡，按照图 3.53 所示添加和修改相关介质，具体做法为：单击图 3.53 中右下角的【Add From Database...】按钮，若在弹出的从数据库中添加材料窗口（见图 3.54）中存在要添加的介质，则选中此介质，单击【OK】按钮，完成添加；若没有要添加的介质，则单击【Add Dielectric】按钮，添加一个介质后，修改其相关信息；此外，对于不需要的介质，可单击图 3.53 中右下角的【Remove Dielectric】按钮将其移除；全部完成后，单击【OK】按钮，关闭材料定义窗口。

第 3 章 输入吸收型带阻滤波器的设计与仿真

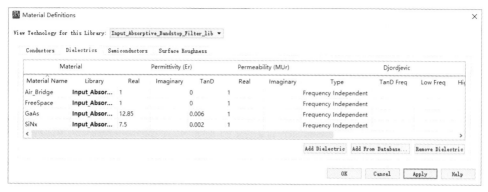

图 3.53 介质定义完成

图 3.54 从数据库中添加材料窗口（二）

3．设置层信息

（1）选中 cond 层，单击鼠标右键，在弹出的菜单中选择【Unmap】，即可删除该层导体（或者选中 cond 层，按"Delete"键删除该层导体）；用同样的方法删除 cond2 层。

（2）设置介质层。选中已存在的介质层，单击鼠标右键，在弹出的菜单中选择【Insert Substrate Layer】，即可插入一个新介质层；选中要修改的介质层，可在窗口右侧的【Substrate Layer】栏中修改其相关信息。

（3）设置导体层。选中要插入导体层的介质层的表面，单击鼠标右键，在弹出的菜单中选择【Map Conductor Layer】，即可插入一个新导体层；选中要修改的导体层，可在窗口右侧的【Conductor Layer】栏中修改其相关信息。

（4）设置通孔。选中要插入通孔的介质层，单击鼠标右键，在弹出的菜单中

111

选择【Map Conductor Via】，即可插入一个通孔；选中要修改的通孔，可在窗口右侧的【Conductor Via】栏中修改其相关信息。

> 因本次 TFIPD 工艺顶层和底层都是开放的，故须在 GaAs 层下插入一个 0 μm 的 FreeSpace 层后，选中最下层 cover 面，单击鼠标右键，在弹出的菜单中选择【Delete Cover】将其删除。

（5）层信息设置如图 3.55 所示。其中：底层为开放的 FreeSpace 层；GaAs 层的【Thickness】为 200 μm；第 1 层 SiNx 层的【Thickness】为 0.1 μm；diel 层的【Process Role】选择"Conductor"，【Material】选择"NiCr"，【Operation】选择"Sheet"，【Thickness】为 75 nm；bond 层的【Process Role】选择"Conductor"，【Material】选择"Copper"，【Operation】选择"Expand the substrate"，【Position】选择"Above interface"，【Thickness】为 5 μm；第 2 层 SiNx 层的【Thickness】为 0.2 μm；text 层的【Process Role】选择"Conductor"，【Material】选择"Copper"，【Operation】选择"Expand the substrate"，【Position】选择"Above interface"，【Thickness】为 0.5 μm；Air_Bridge 层的【Thickness】为 3 μm；leads 层的【Process Role】选择"Conductor"，【Material】选择"Copper"，【Operation】选择"Intrude the substrate"，【Position】选择"Above interface"，【Thickness】为 5 μm；顶层为开放的 FreeSpace 层；symbol 层的【Process Role】选择"Conductor Via"，【Material】选择"Copper"；packages 层的【Process Role】选择"Conductor Via"，【Material】选择"Copper"。

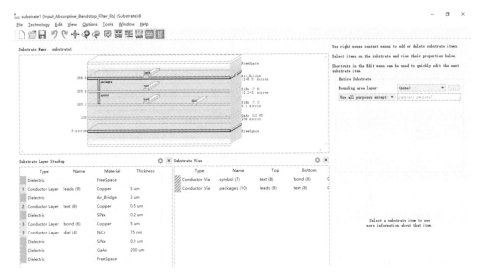

图 3.55　层信息设置

（6）此外，还可以通过菜单命令【Technology】→【Layer Definitions...】打开【Layer Definitions】窗口，修改各层显示的颜色、样式等，如图 3.56 所示。此处均保持默认设置。

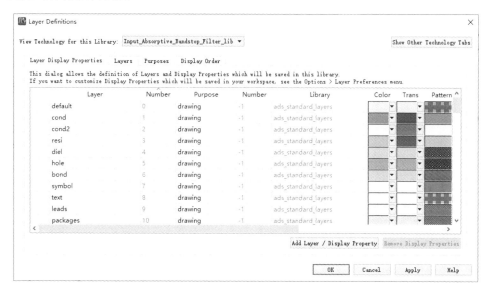

图 3.56　修改图层颜色和样式

3.3.2　薄膜电阻版图

为方便绘制版图，先在单元名为"thin film resistor"的版图中将图 3.57 中虚线框内的功能键选中；然后执行菜单命令【Options】→【Preferences...】，在打开的【Preferences for Layout】对话框中选择【Grid/Snap】选项卡，将【Spacing】区域的"Snap Grid Distance (in layout units)"、"Snap Grid Per Minor Display Grid"和"Minor Grid Per Major Display Grid"设置为合适值，此处按图 3.58 所示设置（或者在版图绘制区单击鼠标右键，在弹出的菜单中选择【Grid Spacing...】下的"＜0.1-1-100＞"；或者使用快捷键"Ctrl＋Shift＋8"）。

图 3.57　选中绘制功能键

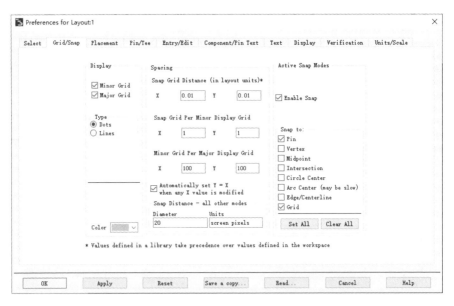

图 3.58　修改绘制最小精度

1. 薄膜电阻版图绘制

薄膜电阻是用方块电阻约为 25 Ω/sq、厚度为 75 nm 的镍铬合金（NiCr）层来实现的。下面以 50 Ω 的薄膜电阻为例，详细介绍其绘制步骤。

（1）执行菜单命令【Insert】→【Shape】→【Rectangle】，在版图中插入一个矩形，按"Esc"键退出；选中新插入的矩形，在窗口右侧【Properties】下的【All Shapes】→【Layer】栏中选择"diel:drawing"，将【Rectangles】→【Width】栏设置为 70 μm，【Height】栏设置为 15 μm。

（2）执行菜单命令【Insert】→【Shape】→【Rectangle】，在版图中插入一个矩形，按"Esc"键退出；选中新插入的矩形，在窗口右侧【Properties】下的【All Shapes】→【Layer】栏中选择"bond:drawing"，将【Rectangles】→【Width】栏设置为 50 μm，【Height】栏设置为 20 μm，长按鼠标左键将其移动至和 diel 层重叠 15 μm 宽的中间位置；类似地，在对侧位置插入一个 bond 层矩形。至此，完成了一个薄膜电阻版图的绘制，如图 3.59 所示。

图 3.59　绘制的薄膜电阻版图

2. 薄膜电阻版图仿真

(1) 插入仿真端口。执行菜单命令【Insert】→【Pin】,单击鼠标左键在薄膜电阻的 I/O 端口添加两个引脚 (Pin),如图 3.60 所示。

图 3.60 添加两个引脚 (Pin)

(2) 修改仿真控制设置。执行菜单命令【EM】→【Simulation Setup...】,在弹出的新建 EM 设置视图对话框 (如图 3.61 所示) 中单击【Create EM Setup View】按钮,弹出仿真控制窗口 (如图 3.62 所示),选择 EM 求解器。通常选用第 2 种方法 "Momentum Microwave",该方法运行速度较快,且精度符合应用要求 (第 1 种方法 "Momentum RF" 运行速度最快,但精度最低;第 3 种方法 "FEM" 即有限元法,其精度最高,但运行速度最慢,主要针对一些复杂的三维结构)。选择【Frequency plan】选项卡,修改仿真频率范围,在【Type】栏中选择 "Adaptive",将【Fstart】栏设置为 0 GHz,【Fstop】栏设置为 16 GHz,【Npts】栏设置为 50。选择【Options】选项卡,单击【Preprocessor】,选择【Heal the layout】区域的 "User specified snap distance" 选项,将自定义切割距离设置为 2.5 μm;单击【Mesh】,选中 "Edge mesh" 选项;其他保持默认设置。设置完成后,关闭仿真控制窗口,单击【OK】按钮保存设置的更改。

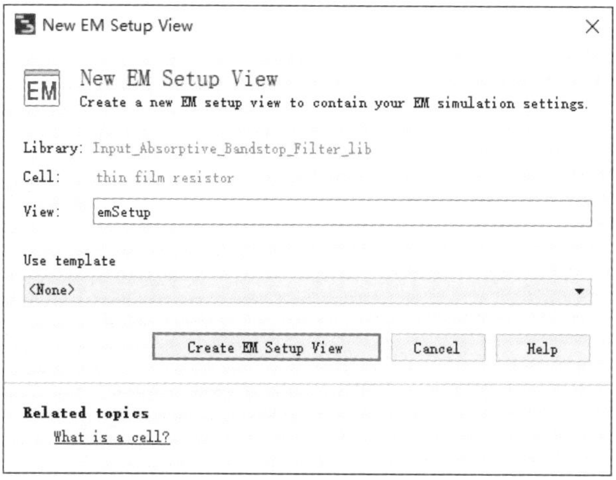

图 3.61 新建 EM 设置视图对话框

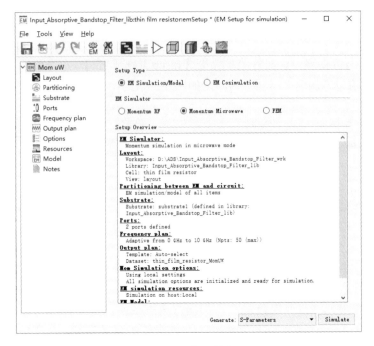

图 3.62 仿真控制窗口

（3）版图仿真。执行菜单命令【EM】→【Simulate】进行仿真，在仿真过程中会弹出状态窗口显示仿真的进程，待仿真结束后会自动弹出数据显示窗口，参照 3.2.2 节中的方法查看并处理 dB(S(1,1))和 dB(S(2,1))曲线，最终结果如图 3.63 所示。

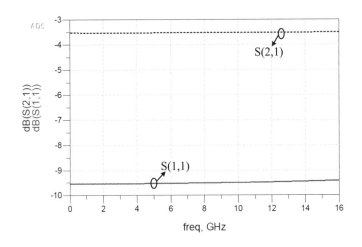

图 3.63　薄膜电阻 S 参数曲线图

第 3 章 输入吸收型带阻滤波器的设计与仿真

3. 薄膜电阻联合仿真

为验证所绘制薄膜电阻的电阻值是否为 50 Ω，须进行电阻版图和原理图联合仿真。

（1）创建薄膜电阻模型。在版图绘制窗口，执行菜单命令【EM】→【Component】→【Create EM Model And Symbol...】，在弹出的窗口中单击【OK】按钮，再执行菜单命令【Edit】→【Component】→【Update Component Definitions...】，在弹出的窗口中单击【OK】按钮，完成薄膜电阻模型的创建。

（2）新建电路原理图并插入薄膜电阻模型。返回"Input_Absorptive_Bandstop_Filter_wrk"工作空间主界面，执行菜单命令【File】→【New】→【Schematic...】，在新建电路原理图对话框中修改单元（Cell）的名称为"thin film resistor-cosimulation"，单击【Create Schematic】按钮新建电路原理图。单击电路原理图窗口左侧的【Open the Library Browser】图标 ，在弹出的元件库列表窗口中选择【Workspace Libraries】下的"thin film resistor"（即刚刚创建的薄膜电阻模型），如图 3.64 所示。单击鼠标右键，在弹出的菜单中选择【Place Component】，在电路原理图中添加一个薄膜电阻模型，按"Esc"键退出。

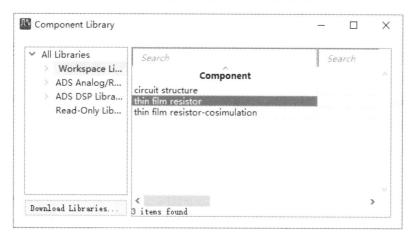

图 3.64 薄膜电阻模型

（3）添加理想电阻。在左侧元件面板列表的下拉菜单中选择【Lumped-Components】，单击其中的电阻图标 ，在右侧的绘图区添加一个电阻，按"Esc"键退出。双击该电阻，在弹出的参数编辑对话框中修改 R = 50 Ohm（注意检查单位设置是否一致），单击【OK】按钮保存参数的修改。

（4）添加 S 参数仿真器、仿真端口和接地符号。在左侧元件面板列表的下拉菜单中选择【Simulation-S_Param】，单击其中的 S 参数仿真器 ，在绘图区添加

一个 S 参数仿真器；再单击【Term】端口 ![Term], 添加 4 个仿真端口, 按 "Esc" 键退出。执行菜单命令【Insert】→【GROUND】, 放置 4 个接地符号（或者直接单击【Simulation-S_Param】下的【TermG】端口 ![TermG], 添加 4 个有接地参考面的仿真端口）；执行菜单命令【Insert】→【Wire】, 连接电阻和仿真端口, 完成后按 "Esc" 键退出。

（5）设置 S 参数仿真器频率范围及间隔。双击绘图区的 S 参数仿真器 ![S-PARAMETERS], 设置其仿真起始频率（Start）为 0 GHz, 截止频率（Stop）为 16 GHz, 间隔（Step-size）为 0.01 GHz, 单击【OK】按钮, 得到最终的电阻联合仿真电路图, 如图 3.65 所示。

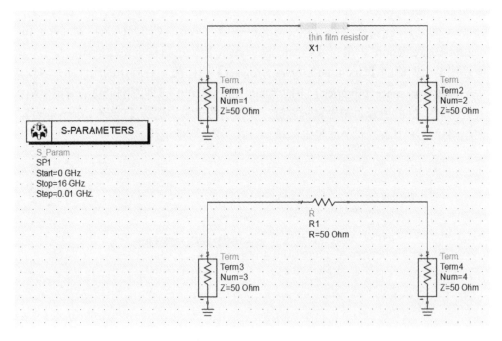

图 3.65　电阻联合仿真电路图

（6）联合仿真。执行菜单命令【Simulate】→【Simulate】进行仿真, 仿真结束后数据显示窗口会被打开, 参照 3.2.2 节中的方法查看并处理 dB(S(1,1))、dB(S(2,1))、dB(S(3,3)) 和 dB(S(4,3)) 曲线, 最终结果如图 3.66 所示。从图中可以看出, dB(S(1,1)) 和 dB(S(3,3)) 两条曲线、dB(S(2,1)) 和 dB(S(4,3)) 两条曲线几乎重合, 说明所绘制薄膜电阻的电阻值约为 50 Ω。如果曲线相差较大, 则应返回修改薄膜电阻版图, 重复上述步骤, 直至两条曲线的误差在可接受的范围内为止。

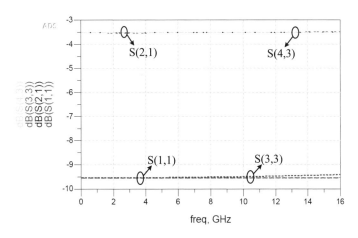

图 3.66　电阻联合仿真 S 参数曲线图

3.3.3　MIM 电容版图

1. MIM 电容版图绘制

bond 和 leads 两层 5 μm 厚的铜层以及中间一层 0.2 μm 厚的 Si_3N_4 层被用来构建 MIM 电容。MIM 电容的电容值是由其面积和中间介质层的厚度来决定的。下面以 0.74 pF 的 MIM 电容为例,详细介绍其绘制步骤。

(1)新建版图。在"Input_Absorptive_Bandstop_Filter_wrk"工作空间主界面,执行菜单命令【File】→【New】→【Layout...】,在弹出的新建版图对话框中修改单元(Cell)的名称为"MIM capacitor",单击【Create Layout】按钮,弹出版图绘制窗口。

(2)MIM 电容叠层。执行菜单命令【Insert】→【Shape】→【Rectangle】,在版图中插入一个矩形,按"Esc"键退出;选中新插入的矩形,在窗口右侧【Properties】下的【All Shapes】→【Layer】栏中选择"bond:drawing",将【Rectangles】→【Width】栏设置为 54 μm,【Height】栏设置为 49 μm;执行菜单命令【Edit】→【Copy/Paste】→【Copy To Layer...】,在弹出的图层复制窗口中选择"text:drawing"(见图 3.67),单击【Apply】按钮,在原

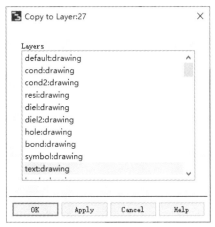

图 3.67　图层复制窗口

位置复制一个 text 层；类似地，在原位置再复制 leads 层和 packages 层各一个；全部复制完成后，单击【Cancel】按钮关闭此窗口。

（3）层缩进。MIM 电容各层之间存在不同的缩进。选中 leads 层，执行菜单命令【Edit】→【Scale/Oversize】→【Oversize...】，打开缩进对话框。因 leads 层比 bond 层相对缩进 1.5 μm，故在弹出的缩进对话框的【Oversize(+)/Undersize(-)】栏中输入-1.5，如图 3.68 所示；单击【Apply】按钮完成缩进。类似地，使 text 层和 packages 层比 bond 层相对缩进 3 μm。

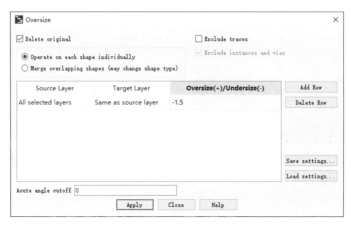

图 3.68　缩进对话框

（4）连接部分绘制。执行菜单命令【Insert】→【Shape】→【Rectangle】，在版图中插入一个矩形，按"Esc"键退出；选中新插入的矩形，在窗口右侧【Properties】下的【All Shapes】→【Layer】栏中选择"bond:drawing"，将【Rectangles】→【Width】栏设置为 50 μm，【Height】栏设置为 20 μm，长按鼠标左键将其移动至 MIM 电容中间位置，且与原本的 bond 层相连接。类似地，在对侧位置插入一个 leads 层矩形，且与原本的 leads 层相连接。至此，完成了一个 MIM 电容版图的绘制，如图 3.69 所示。

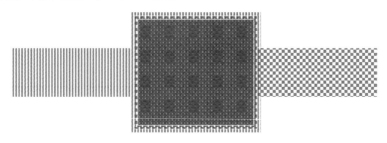

图 3.69　最终绘制的 MIM 电容版图

2. MIM 电容版图仿真

（1）插入仿真端口。执行菜单命令【Insert】→【Pin】，单击鼠标左键在 MIM 电容的 I/O 端口添加两个引脚（Pin），如图 3.70 所示。

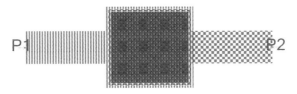

图 3.70　添加两个引脚（Pin）

（2）修改仿真控制设置。执行菜单命令【EM】→【Simulation Setup...】，在弹出的新建 EM 设置视图对话框中单击【Create EM Setup View】按钮，弹出仿真控制窗口，选择 EM 求解器中的第 2 种方法"Momentum Microwave"。选择【Frequency plan】选项卡，修改仿真频率范围，在【Type】栏中选择"Adaptive"，将【Fstart】栏设置为 0 GHz，【Fstop】栏设置为 16 GHz，【Npts】栏设置为 50。选择【Options】选项卡，单击【Preprocessor】，选择【Heal the layout】区域的"User specified snap distance"选项，将自定义切割距离设置为 2.5 μm；单击【Mesh】，选中"Edge mesh"选项；其他保持默认设置。设置完成后，关闭仿真控制窗口，单击【OK】按钮保存设置的更改。

（3）版图仿真。执行菜单命令【EM】→【Simulate】进行仿真，在仿真过程中会弹出状态窗口显示仿真的进程，待仿真结束后会自动弹出数据显示窗口，参照 3.2.2 节中的方法查看并处理 dB(S(1,1)) 和 dB(S(2,1)) 曲线，最终结果如图 3.71 所示。

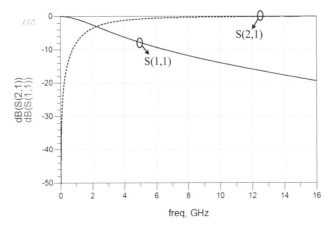

图 3.71　MIM 电容 S 参数曲线图

3. MIM 电容联合仿真

为验证所绘制 MIM 电容的电容值是否为 0.74 pF，须进行电容版图和原理图联合仿真。

（1）创建 MIM 电容模型。在版图绘制窗口，执行菜单命令【EM】→【Component】→【Create EM Model And Symbol...】，在弹出的窗口中单击【OK】按钮，再执行菜单命令【Edit】→【Component】→【Update Component Definitions...】，在弹出的窗口中单击【OK】按钮，完成 MIM 电容模型的创建。

（2）新建电路原理图并插入 MIM 电容模型。返回"Input_Absorptive_Bandstop_Filter_wrk"工作空间主界面，执行菜单命令【File】→【New】→【Schematic...】，在新建电路原理图对话框中修改单元（Cell）的名称为"MIM capacitor-cosimulation"，单击【Create Schematic】按钮新建电路原理图。单击电路原理图窗口左侧的【Open the Library Browser】图标，在弹出的元件库列表窗口中选择【Workspace Libraries】下的"MIM capacitor"（即刚刚创建的 MIM 电容模型），单击鼠标右键，在弹出的菜单中选择【Place Component】，在电路原理图中添加一个 MIM 电容模型，按"Esc"键退出。

（3）添加理想电容。在左侧元件面板列表的下拉菜单中选择【Lumped-Components】，单击其中的电容图标，在右侧的绘图区添加一个电容，按"Esc"键退出。双击该电容，在弹出的参数编辑对话框中修改 C = 0.74 pF（注意检查单位设置是否一致），单击【OK】按钮保存参数的修改。

（4）添加 S 参数仿真器、仿真端口和接地符号。在左侧元件面板列表的下拉菜单中选择【Simulation-S_Param】，单击其中的 S 参数仿真器，在绘图区添加一个 S 参数仿真器，再单击【Term】端口，添加 4 个仿真端口，按"Esc"键退出，然后执行菜单命令【Insert】→【GROUND】，放置 4 个接地符号（或者直接单击【Simulation-S_Param】下的【TermG】端口，添加 4 个有接地参考面的仿真端口），执行菜单命令【Insert】→【Wire】，连接电容和仿真端口，完成后按"Esc"键退出。

（5）设置 S 参数仿真器频率范围及间隔。双击绘图区的 S 参数仿真器，设置其仿真起始频率（Start）为 0 GHz，截止频率（Stop）为 16 GHz，间隔（Step-size）为 0.01 GHz，单击【OK】按钮，得到最终的电容联合仿真电路图，如图 3.72 所示。

第 3 章 输入吸收型带阻滤波器的设计与仿真

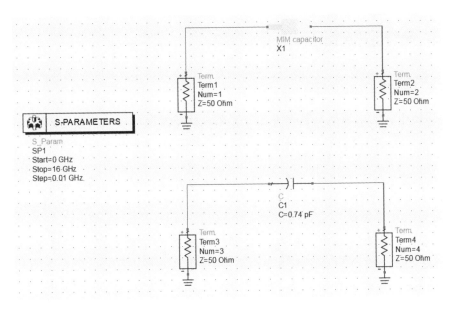

图 3.72 电容联合仿真电路图

（6）联合仿真。执行菜单命令【Simulate】→【Simulate】进行仿真，仿真结束后数据显示窗口会被打开，参照 3.2.2 节中的方法查看并处理 dB(S(1,1))、dB(S(2,1))、dB(S(3,3)) 和 dB(S(4,3)) 曲线，最终结果如图 3.73 所示。从图中可以看出，dB(S(1,1)) 和 dB(S(3,3)) 两条曲线、dB(S(2,1)) 和 dB(S(4,3)) 两条曲线几乎重合，说明所绘制 MIM 电容的电容值约为 0.74 pF。如果曲线相差较大，则应返回修改 MIM 电容版图，重复上述步骤，直至两条曲线的误差在可接受的范围内为止。

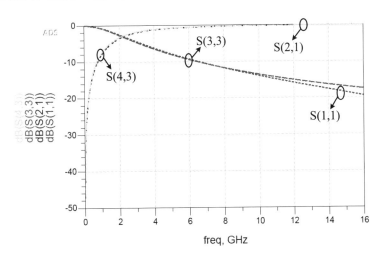

图 3.73 电容联合仿真 S 参数曲线图

3.3.4 螺旋电感版图

1. 螺旋电感版图绘制

螺旋电感的电感值与其内半径、匝数、绕线宽度和绕线间距相关。下面以 1.36 nH 的螺旋电感为例,详细介绍其绘制步骤。

(1)新建版图。在"Input_Absorptive_Bandstop_Filter_wrk"工作空间主界面,执行菜单命令【File】→【New】→【Layout...】,在弹出的新建版图对话框中修改单元(Cell)的名称为"spiral inductor",单击【Create Layout】按钮,弹出版图绘制窗口。

(2)添加螺旋电感。在左侧元件面板列表的下拉菜单中选择【TLines-Microstrip】(见图 3.74),找到并单击微带圆形螺旋电感图标 ,在弹出的参数编辑对话框中,修改匝数 N = 2.5,内半径 Ri = 70 μm,绕线宽度 W = 15 μm,绕线间距 S = 15 μm,如图 3.75 所示。单击【OK】按钮,在右侧绘图区添加一个螺旋电感,按"Esc"键退出。

图 3.74 选择【TLines-Microstrip】

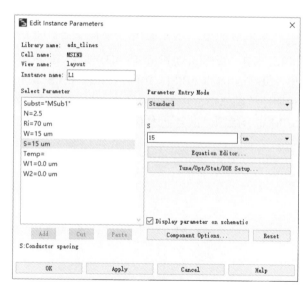

图 3.75 修改后的参数编辑对话框

(3)螺旋电感层修改。选中新添加的螺旋电感,执行菜单命令【Edit】→【Component】→【Flatten...】,在弹出的对话框中单击【OK】按钮;执行菜单命令【Edit】→【Merge】→【Union】,将其合为一体;然后在窗口右侧【Properties】下的【All Shapes】→【Layer】栏中选择"bond:drawing"。

（4）螺旋电感叠层。选中螺旋电感 bond 层，执行菜单命令【Edit】→【Copy/Paste】→【Copy To Layer...】，在弹出的图层复制窗口中选择"text: drawing"，单击【Apply】按钮，在原位置复制一个 text 层。类似地，在原位置再复制 leads 层、symbol 层和 packages 层各一个；全部复制完成后，单击【Cancel】按钮关闭此窗口。

（5）空气桥搭建。为了将螺旋电感与外围电路相连接，采用搭建空气桥的方法。执行菜单命令【Insert】→【Shape】→【Rectangle】，在版图绘制区插入一个矩形，选中新插入的矩形，在窗口右侧【Properties】下的【All Shapes】→【Layer】栏中选择"cond:drawing"，将【Rectangles】→【Height】栏设置为 40 μm，【Width】栏中可为任意值，长按鼠标左键将其移动至空气桥搭建位置，如图 3.76 所示；按快捷键"Ctrl + A"将版图全部选中，执行菜单命令【Edit】→【Boolean Logical...】，在弹出的布尔逻辑运算窗口中按照图 3.77 修改 bond 层和 cond 层之间的布尔相减运算，单击【Apply】按钮完成运算；类似地，完成 text 层、symbol 层、packages 层和 cond 层之间的布尔相减运算，只保留顶层 leads 层金属；全部运算完成后，单击【Cancel】按钮关闭此窗口；然后选中 cond 层，按【Delete】键将其删除。空气桥搭建完成后的螺旋电感如图 3.78 所示。

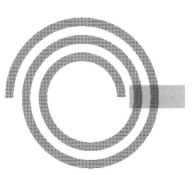

图 3.76　空气桥搭建位置

图 3.77　布尔逻辑运算窗口

（6）层缩进。螺旋电感各层之间存在不同的缩进。由于布尔逻辑运算后，同一层已经断开，故须执行菜单命令【View】→【Layer View】→【By Name...】，在弹出的版图图层查看窗口（见图 3.79）中选择"text:drawing"，可以看到在螺旋电感版图中只显示了 text 层；使用快捷键"Ctrl + A"将显示的 text 层选中，执行菜单命令【Edit】→【Scale/Oversize】→【Oversize...】，打开缩进对话框。因 text 层比 bond 层相对缩进 2 μm，故在弹出的缩进对话框的【Oversize(+)/Undersize(-)】栏中输入-2，单击【Apply】按钮完成缩进。类似地，使 symbol 层和 packages 层均比 bond 层相对缩进 2 μm。

图 3.78　空气桥搭建完成后的螺旋电感

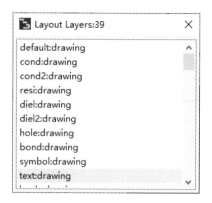

图 3.79　版图图层查看窗口

（7）连接部分绘制。执行菜单命令【Insert】→【Shape】→【Rectangle】，在版图中插入一个矩形，按"Esc"键退出；选中新插入的矩形，在窗口右侧【Properties】下的【All Shapes】→【Layer】栏中选择"bond:drawing"，将【Rectangles】→【Height】栏设置为 15 μm，【Width】栏可根据空气桥的具体尺寸进行设置，长按鼠标左键将其移动至空气桥的位置，且与原本的 bond 层相连接。至此，完成了一个螺旋电感版图的绘制，如图 3.80 所示。

2．螺旋电感版图仿真

（1）插入仿真端口。执行菜单命令【Insert】→【Pin】，单击鼠标左键在螺旋电感的 I/O 端口添加两个引脚（Pin），如图 3.81 所示。

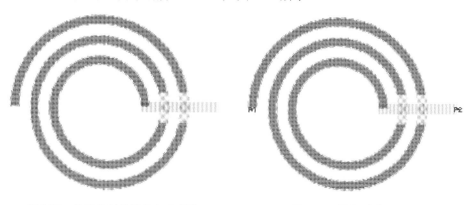

图 3.80　最终绘制的螺旋电感版图　　　　图 3.81　添加引脚（Pin）

（2）修改仿真控制设置。执行菜单命令【EM】→【Simulation Setup…】，在弹出的新建 EM 设置视图对话框中单击【Create EM Setup View】按钮，弹出仿真

控制窗口，选择 EM 求解器的第 2 种方法"Momentum Microwave"。选择
【Frequency plan】选项卡，修改仿真频率范围，在【Type】栏中选择
"Adaptive"，将【Fstart】栏设置为 0 GHz，【Fstop】栏设置为 16 GHz，【Npts】
栏设置为 50。选择【Options】选项卡，单击【Preprocessor】，选择【Heal the
layout】区域的"User specified snap distance"选项，将自定义切割距离设置为
2.5 μm；单击【Mesh】，选中"Edge mesh"选项；其他设置保持默认。设置完成
后，关闭仿真控制窗口，单击【OK】按钮保存设置的更改。

（3）版图仿真。执行菜单命令【EM】→【Simulate】进行仿真，在仿真过程
中会弹出状态窗口显示仿真的进程，待仿真结束后会自动弹出数据显示窗口，参
照 3.2.2 节中的方法查看 dB(S(1,1))和 dB(S(2,1))的数据仿真结果，如图 3.82 所示。

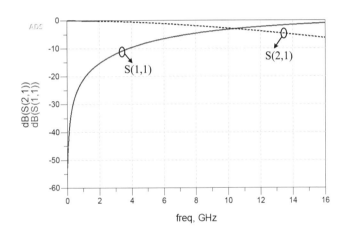

图 3.82　螺旋电感 S 参数曲线图

3．螺旋电感联合仿真

为验证所绘制螺旋电感的电感值是否为 1.36 nH，须进行电感版图和原理图联
合仿真。

（1）创建螺旋电感模型。在版图绘制窗口，执行菜单命令【EM】→
【Component】→【Create EM Model And Symbol...】，在弹出的窗口中单击【OK】
按钮；再执行菜单命令【Edit】→【Component】→【Update Component
Definitions...】，在弹出的窗口中单击【OK】按钮，完成螺旋电感模型的创建。

（2）新建电路原理图并插入螺旋电感模型。返回工作空间主界面，执行菜单
命令【File】→【New】→【Schematic...】，在新建电路原理图对话框中修改单元
（Cell）的名称为"spiral inductor-cosimulation"，单击【Create Schematic】按钮新建
电路原理图。单击电路原理图窗口左侧的【Open the Library Browser】图标，在

弹出的元件库列表窗口中选择【Workspace Libraries】下的"spiral inductor"(即刚刚创建的螺旋电感模型),单击鼠标右键,在弹出的菜单中选择【Place Component】,在电路原理图中添加一个螺旋电感模型,按"Esc"键退出。

(3)添加理想电感。在左侧元件面板列表的下拉菜单中选择【Lumped-Components】,单击其中的电感图标,在右侧的绘图区添加一个电感,按"Esc"键退出。双击该电感,在弹出的参数编辑对话框中修改 L = 1.36 nH(注意检查单位设置是否一致),单击【OK】按钮保存参数的修改。

(4)添加 S 参数仿真器、仿真端口和接地符号。在左侧元件面板列表的下拉菜单中选择【Simulation-S_Param】,单击其中的 S 参数仿真器,在绘图区添加一个 S 参数仿真器,再单击【Term】端口,添加 4 个仿真端口,按"Esc"键退出。执行菜单命令【Insert】→【GROUND】,放置 4 个接地符号(或者直接单击【Simulation-S_Param】下的【TermG】端口,添加 4 个有接地参考面的仿真端口);执行菜单命令【Insert】→【Wire】,连接电感和仿真端口,完成后按"Esc"键退出。

(5)设置 S 参数仿真器频率范围及间隔。双击绘图区的 S 参数仿真器,设置其仿真起始频率(Start)为 0 GHz,截止频率(Stop)为 16 GHz,间隔(Step-size)为 0.01 GHz,单击【OK】按钮,得到最终的电感联合仿真电路图,如图 3.83 所示。

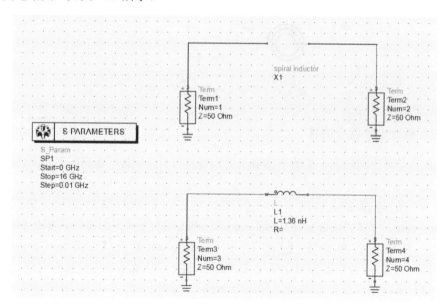

图 3.83 电感联合仿真电路图

(6)联合仿真。执行菜单命令【Simulate】→【Simulate】进行仿真,仿真结束

第 3 章 输入吸收型带阻滤波器的设计与仿真

后数据显示窗口会被打开,参照 3.2.2 节中的方法查看 dB(S(1,1))、dB(S(2,1))、dB(S(3,3))和 dB(S(4,3))的数据仿真结果,最终结果显示如图 3.84 所示。从图中可以看出,曲线 dB(S(1,1))和 dB(S(3,3))、dB(S(2,1))和 dB(S(4,3))几乎重合,说明所绘制的螺旋电感的电感值约为 1.36 nH。如果曲线相差较大,则应返回修改螺旋电感版图,重复上述步骤,直至两条曲线的误差在可接受的范围内为止。

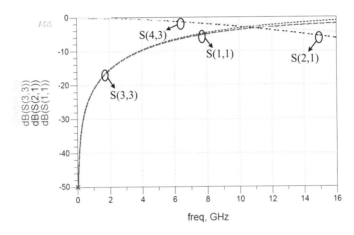

图 3.84 电感联合仿真 S 参数曲线图

3.3.5 输入吸收型带阻滤波器版图设计

(1)绘制 MIM 电容。参照 3.3.3 节中的内容,绘制出电容值为 0.90 pF 的 MIM 电容。

(2)绘制螺旋电感。参照 3.3.4 节中的内容,绘制出电感值为 1.13 nH 的螺旋电感。

(3)新建版图并复制相应元件版图。在"Input_Absorptive_Bandstop_Filter_wrk"工作空间主界面,执行菜单命令【File】→【New】→【Layout...】,在弹出的新建版图对话框中修改单元(Cell)的名称为"input absorptive bandstop filter",单击【Create Layout】按钮,弹出版图绘制窗口。依次按快捷键"Ctrl + C"和"Ctrl + V"将所有绘制的元件版图复制到此版图绘制窗口中。由图 3.29 所示的仿真电路模型可知,$C_1 = 0.74$ pF、$C_3 = 0.74$ pF、$L_1 = 1.36$ nH、$L_3 = 1.36$ nH,故须将 0.74 pF 的 MIM 电容和 1.36 nH 的螺旋电感各复制两次。

(4)绘制焊盘和外圈地线。因后期使用"接地-信号-接地"(Ground-Single-Ground,GSG)探针测试,故版图中在 I/O 端口处加入焊盘(焊盘大小均固定为 100 μm × 100 μm),同时在电路外加入一圈地线。焊盘和外圈地线的具体绘制步骤为:执行菜单命令【Insert】→【Shape】→【Rectangle】,在版图中插入一个矩形，按"Esc"键退出；选中新插入的矩形，在窗口右侧【Properties】下的【All Shapes】→【Layer】栏中选择"bond:drawing"，【Rectangles】→【Width】栏和【Height】栏可根据实际情况进行设置；接着执行菜单命令【Edit】→【Copy/Paste】→【Copy To Layer...】，在弹出的图层复制窗口中选择【text:drawing】，单击【Apply】按钮，在原位置复制一个 text 层；类似地，在原位置再复制 leads 层、symbol 层和 packages 层各一个；全部复制完成后，单击【Cancel】按钮关闭此窗口。然后进行层缩进，将焊盘或外圈地线版图的 text 层选中，执行菜单命令【Edit】→【Scale/Oversize】→【Oversize...】，因 text 层比 bond 层相对缩进 2 μm，故在弹出的缩进对话框的【Oversize(+)/Undersize(-)】栏中输入-2，单击【Apply】按钮完成缩进；类似地，使 symbol 层和 packages 层均比 bond 层相对缩进 2 μm。

（5）版图布局和元件连接。综合考虑电路尺寸和版图美观等各方面因素，对版图进行整体布局，并依照图 3.29 所示的仿真电路模型用微带线进行元件连接[微带线的绘制方法和焊盘相同，具体操作可参照步骤（4）中的内容，此处不再赘述]。经过不断的版图参数优化，得到最终版图，如图 3.85 所示。

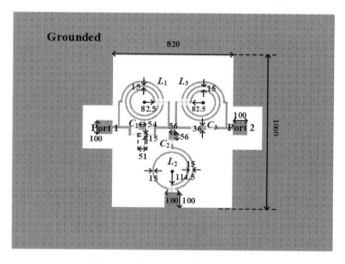

图 3.85 最终版图（单位：μm）

3.3.6 版图仿真

（1）插入仿真端口。执行菜单命令【Insert】→【Pin】，单击鼠标左键分别在 I/O 焊盘和外圈地线上添加引脚（Pin），因测试所用探针间距为 300 μm，故使引脚（Pin）垂直距离为 300 μm；长按"Ctrl"键，依次选中所有的引脚（Pin），在窗口右侧【Properties】下的【All Shapes】→【Layer】栏中选择

"leads:drawing",添加的引脚(Pin)如图 3.86 所示。

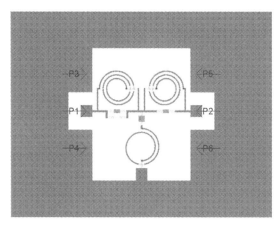

图 3.86　添加的引脚(Pin)

(2)编辑端口。单击工具栏中的【Port Editor】图标，弹出图 3.87 所示的端口编辑对话框。由于 P1、P3、P4 构成 GSG 结构，P1 作为输入端口，P3 和 P4 为接地端口且共地，所以用鼠标左键依次长按 P3 和 P4，将其拖曳到 P1 端口的 Gnd 位置；类似地，由于 P2、P5、P6 构成 GSG 结构，P2 作为输出端口，P5 和 P6 为接地端口且共地，所以用鼠标左键依次长按 P5 和 P6，将其拖曳到 P2 端口的 Gnd 位置，完成后如图 3.88 所示。

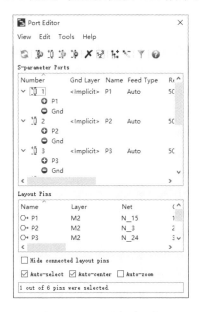

图 3.87　端口编辑对话框

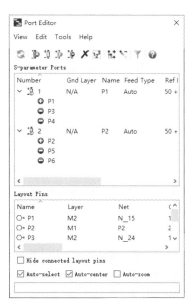

图 3.88　端口编辑对话框(编辑后)

（3）修改仿真控制设置。执行菜单命令【EM】→【Simulation Setup...】，在弹出的新建 EM 设置视图对话框中单击【Create EM Setup View】按钮，弹出仿真控制窗口，选择 EM 求解器的第 2 种方法"Momentum Microwave"。选择【Frequency plan】选项卡，修改仿真频率范围，在【Type】栏中选择"Adaptive"，将【Fstart】栏设置为 0 GHz,【Fstop】栏设置为 16 GHz,【Npts】栏设置为 50。选择【Options】选项卡，单击【Preprocessor】，选择【Heal the layout】区域的"User specified snap distance"选项，将自定义切割距离设置为 2.5μm；单击【Mesh】，选中"Edge mesh"选项；其他保持默认设置。完成后，关闭仿真控制窗口，单击【OK】按钮保存设置的更改。

（4）版图仿真。执行菜单命令【EM】→【Simulate】进行仿真，在仿真过程中会弹出状态窗口显示仿真的进程，整个仿真过程一般比较漫长，待仿真结束后会自动弹出数据显示窗口，参照 3.2.2 节中的方式查看并处理 dB(S(1,1))、dB(S(2,1))和 dB(S(2,2))曲线，最终结果如图 3.89 所示。

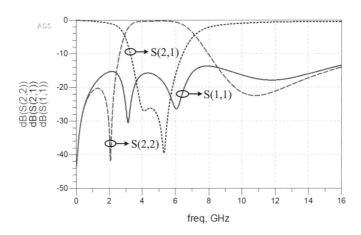

图 3.89　版图仿真的 dB(S(1,1))、dB(S(2,1))和 dB(S(2,2))曲线图

3.4　芯 片 测 试

1．测试结果

使用探针台配合矢量网络分析仪对输入吸收型带阻滤波器芯片进行参数测试，如图 3.90 所示。dB(S(1,1))、dB(S(2,1))、dB(S(2,2))仿真和测试结果如图 3.91 所示。

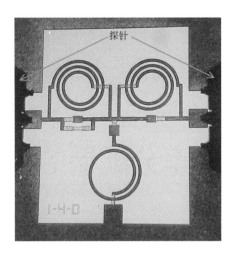

图 3.90 输入吸收型带阻滤波器芯片的参数测试

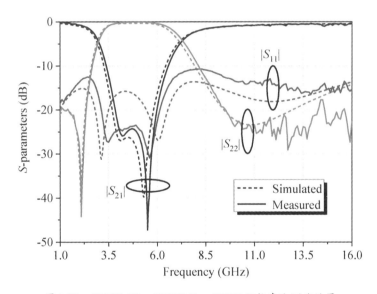

图 3.91 dB(S(1,1))、dB(S(2,1))、dB(S(2,2)仿真和测试结果

2. 结果分析

从图 3.91 中可以发现，测试结果和 ADS 仿真结果基本吻合，其偏差是由机械误差和工业材料的介电常数不准确等原因造成的。由测试结果可以得到，在 1～16 GHz 范围内测量的输入回波损耗|S_{11}|优于 10.7 dB，下降 10 dB 阻带相对带宽为 63.8%（从 3.38 GHz 到 6.57 GHz），在 5.5 GHz 时最大阻带抑制|S_{21}|为 47.3 dB。

第4章

阻抗变换功率分配器的设计与仿真

功率分配器，简称功分器，是微波和通信系统中重要的无源元件，广泛应用于天线阵列、混频器和功率放大器中。为了适应现代通信系统对宽频带提出的新需求，在过去数年中，各种宽带功率分配器被广泛研究[1-3]。本章将详细介绍一种基于 TFIPD 技术的超小型化阻抗变换功率分配器[17]的基本原理，以及如何使用 ADS 建立、仿真并优化该阻抗变换功率分配器的理想参数仿真模型和相应的全波电磁仿真模型，最后对最终加工的阻抗变换功率分配器芯片进行封装和测试，并对测试结果进行分析。

4.1 功率分配器概述

4.1.1 理论基础

功率分配器属于三端口或多端口无源元件，其主要功能是将一路信号能量以相等或不相等的方式分成两路或多路进行输出；也可将其反过来应用，即将两路或多路信号能量合成一路进行输出，此时可称之为合路器。同一个功率分配器的输出端口之间应保证一定的隔离度。

评价功率分配器的性能指标包含：插入损耗、回波损耗、输出端口之间的隔离度等。假定端口 1 为功率分配器的输入端口，端口 2 和端口 3 为功率分配器的两个输出端口，则其性能指标参数表达如下。

☺ 插入损耗（IL）：

$$\text{IL (dB)} = -20\lg|S_{21}|$$

☺ 回波损耗（RL）：
$$\text{RL (dB)} = -20\lg|S_{11}|$$
☺ 隔离度（Isolation）：
$$\text{Isolation (dB)} = -20\lg|S_{23}|$$

4.1.2 基本原理

1. 准切比雪夫阻抗变换功率分配器

$2m$ 阶准切比雪夫阻抗变换功率分配器的电路结构如图 4.1 所示[17]。为了实现功率分配器的输入匹配，输入阻抗 R_{in} 应满足：
$$R_{in} = 2R_S$$
因此，功率分配器的设计可以认为是从 $2R_S$ 到 R_L 的阻抗变换网络的设计。

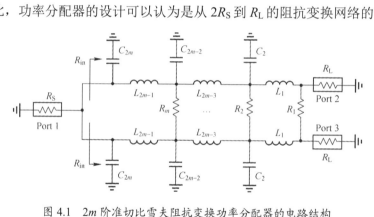

图 4.1　$2m$ 阶准切比雪夫阻抗变换功率分配器的电路结构

根据设置的终端阻抗（R_S、R_L），期望的上、下截止频率（f_U、f_L），以及可实现的最大输入回波损耗 $S_{11\max}$，可求得切比雪夫阻抗变换网络的阶数为

$$m \geqslant \frac{\cosh^{-1}\dfrac{r-1}{2\sqrt{r(10^{0.1\alpha_{\max}}-1)}}}{\cosh^{-1}\dfrac{f_U^2+f_L^2}{f_U^2-f_L^2}} \quad (4\text{-}1)$$

式中：r 为阻抗比，$r = 2R_S/R_L$；$\alpha_{\max}$ 为最大允许纹波，其值用可实现的最大输入回波损耗 $S_{11\max}$ 表示为

$$\alpha_{\max} = 10\lg(1-10^{S_{11\max}/10})$$

然后利用低通切比雪夫阻抗变换网络的设计方程,得到准切比雪夫阻抗变换功率分配器的初始元件值 g_i,利用下式将得到的元件值 g_i 转化为图 4.1 所示电路结构中的各 L、C 的值:

$$\begin{cases} L_i = \dfrac{g_i R_L}{2\pi f_0} \\ C_i = \dfrac{g_i}{2\pi f_0 R_L} \end{cases} \quad (4-2)$$

式中,$i = 1, 2, \cdots, 2m$。由于 m 是一个正整数,当 m 由式(4-1)确定时,可得到:

$$A = \dfrac{1}{\cosh\left(\dfrac{1}{m}\cosh^{-1}\dfrac{r-1}{2\sqrt{r(10^{0.1\alpha_{\max}}-1)}}\right)} \quad (4-3)$$

为了保持期望的 $S_{11\max}$ 不变,需要重新计算上、下截止频率:

$$\begin{cases} f_{\text{Ur}} = f_0\sqrt{1+A} \\ f_{\text{Lr}} = f_0\sqrt{1-A} \end{cases} \quad (4-4)$$

$$f_0 = \sqrt{\dfrac{f_U^2 + f_L^2}{2}} \quad (4-5)$$

可以发现,由于 m 的最终取值比实际计算值偏大,所以最终的带宽也会比期望的带宽偏宽,可求得最终带宽 $\text{BW} = f_{\text{Ur}} - f_{\text{Lr}}$。

此外,在两个路径之间加隔离电阻 R_i($i = 1, 2, \cdots, m$),可以更好地实现输出端口之间的匹配和隔离。

2. 准椭圆阻抗变换功率分配器

为了进一步提高阻带抑制,用串联谐振分支(L_{e1}、C_{e1})替代输入端口附近的并联电容 C_{2m},其他 LC 参数保持不变,可在带外产生一个额外的传输零点,形成准椭圆低通响应,相关的转换公式为

$$\begin{cases} L_{e1} = \dfrac{1}{C_{2m}[(2\pi f_Z)^2 - (2\pi f_C)^2]} \\ C_{e1} = \dfrac{C_{2m}[(2\pi f_Z)^2 - (2\pi f_C)^2]}{(2\pi f_Z)^2} \end{cases} \quad (4-6)$$

式中,f_Z 为指定的准椭圆响应的传输零点对应的频率,f_C 为截止频率。图 4.2 所示为 $2m$ 阶准椭圆阻抗变换功率分配器的电路结构。

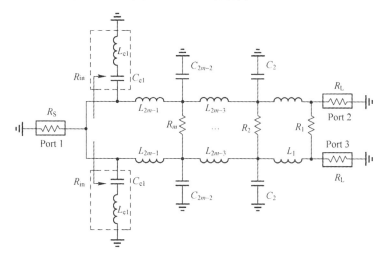

图 4.2　$2m$ 阶准椭圆阻抗变换功率分配器的电路结构

4.2　阻抗变换功率分配器原理图

ADS 可以实现参数化的模型仿真,下面以终端阻抗 $R_S = R_L = 50\ \Omega$、上、下截止频率分别为 5.0 GHz、3.3 GHz,最大输入回波损耗 $S_{11\max} = 20$ dB 的四阶准切比雪夫阻抗变换功率分配器为例,介绍在 ADS 中建立并仿真其理想参数电路模型的方法。四阶准切比雪夫阻抗变换网络的元件值 L_1、C_2、L_3 和 C_4,隔离电阻 R_i($i = 1$,2),都可以在 ADS 电路模型中给出参数化定义。

4.2.1　新建工程和仿真电路模型

1. 新建工程

(1)双击 ADS 快捷方式图标,在弹出的对话框中单击【OK】按钮,启动 ADS。ADS 运行后会自动弹出【Get Started】窗口,单击其右下角的【Close】按钮,进入 ADS 主界面窗口,如图 4.3 所示。

图 4.3 ADS 主界面窗口

（2）建立一个工作空间，用于存放本次设计仿真的全部文件。执行菜单命令【File】→【New】→【Workspace...】，打开如图 4.4 所示的新建工作空间对话框，在此可以对工作空间名称（Name）和工作路径（Create in）进行相应设置。此处修改工作空间名称为"Impedance_Transforming_Power_Divider_wrk"，而工作路径保留默认设置，单击【Create Workspace】按钮完成工作空间的创建。

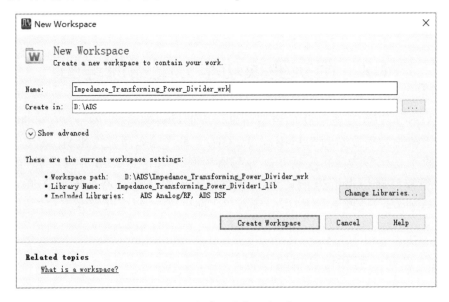

图 4.4 新建工作空间对话框

（3）ADS 主界面窗口中的【Folder View】会显示所建立的工作空间名称和工作路径，如图 4.5 所示。此时，工作空间的名称为"Impedance_Transforming_Power_Divider_wrk"，路径为"D:\ADS\Impedance_Transforming_Power_Divider_wrk"。在 D 盘的 ADS 文件夹下可以找到一个名为"Impedance_Transforming_

Power_Divider_wrk"的子文件夹。

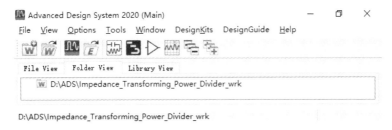

图 4.5　新建工作空间和路径

2．建立仿真电路模型

（1）新建电路原理图。执行菜单命令【File】→【New】→【Schematic...】，打开如图 4.6 所示的新建电路原理图对话框，修改单元（Cell）的名称为"circuit structure"，单击【Create Schematic】按钮完成电路原理图的创建，如图 4.7 所示。

图 4.6　新建电路原理图对话框

（2）添加电感。如图 4.8 所示，在左侧元件面板列表的下拉菜单中选择【Lumped-Components】，这里面包含一些常用的理想集总参数元件模型，如电容、电感、电阻等。单击【Lumped-Components】下的电感图标，在右侧的绘图区添加 4 个电感，如图 4.9 所示；按"Esc"键退出。至此，电感即添加完成。

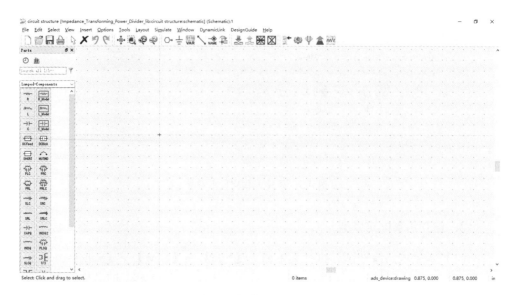

图 4.7 新建电路原理图

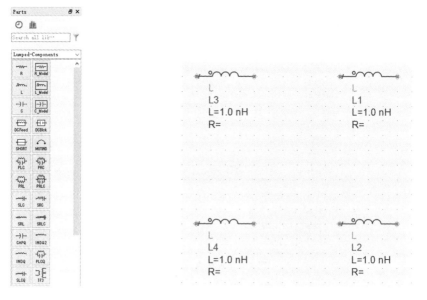

图 4.8 选择【Lumped-Components】　　　图 4.9 添加电感

（3）添加电容。单击【Lumped-Components】下的电容图标，在绘图区添加 4 个电容，如图 4.10 所示；按"Esc"键退出；用鼠标右键单击需要旋转的电容，在弹出的菜单中选择【Rotate】，将其沿顺时针方向旋转 90°，如图 4.11 所示。至此，电容即添加并旋转完成。

第 4 章 阻抗变换功率分配器的设计与仿真

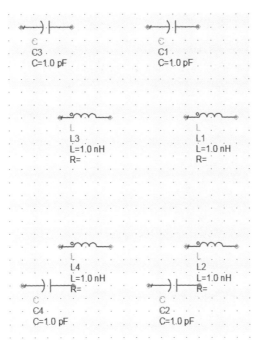

图 4.10 添加电容

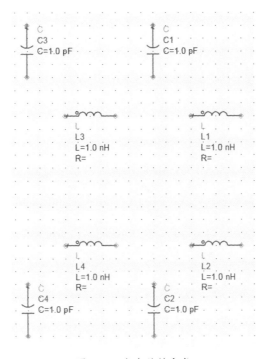

图 4.11 电容旋转完成

(4)添加电阻。单击【Lumped-Components】下的电阻图标，在绘图区添加两个电阻，如图 4.12 所示；按"Esc"键退出；依次用鼠标右键单击添加的两个电阻，在弹出的菜单中选择【Rotate】，将其沿顺时针方向旋转 90°，如图 4.13 所示。至此，电阻即添加并旋转完成。

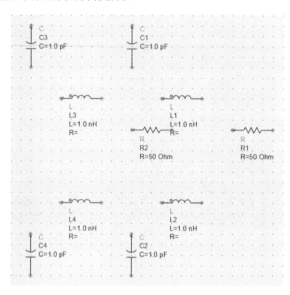

图 4.12　添加电阻

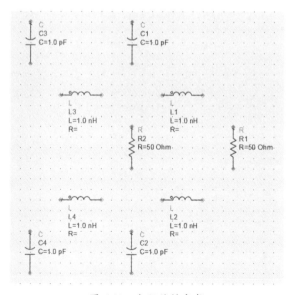

图 4.13　电阻旋转完成

(5)添加接地符号。执行菜单命令【Insert】→【GROUND】，放置 4 个接地

第4章 阻抗变换功率分配器的设计与仿真

符号,如图 4.14 所示;用鼠标右键单击需要旋转的接地符号,在弹出的菜单中选择【Rotate】,将其沿顺时针方向旋转 180°,如图 4.15 所示。至此,接地符号即添加并旋转完成。

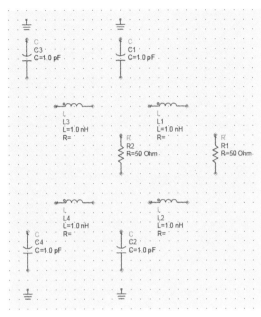

图 4.14 添加接地符号

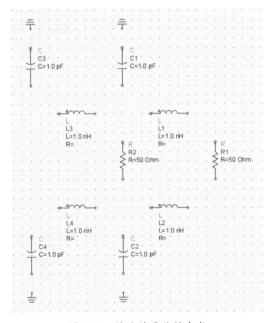

图 4.15 接地符号旋转完成

(6) 连接元件。执行菜单命令【Insert】→【Wire】，依据图 4.1 所示的电路结构图连接各个元件，连接完成后如图 4.16 所示。

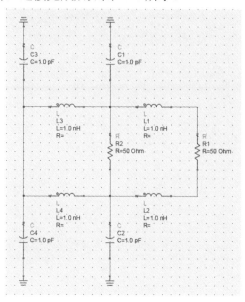

图 4.16 元件连接完成

(7) 修改电路模型参数。双击电感 L1，在弹出的参数编辑对话框中，修改其参数值为 L1（nH）（注意检查单位设置是否一致），如图 4.17 所示，单击【OK】按钮保存参数并关闭此对话框。类似地，分别修改 L2 的参数值为 L1（nH），L3、L4 的参数值为 L3（nH）（以 L3 为例，见图 4.18），C1、C2 的参数值为 C2（pF）（以 C1 为例，见图 4.19），C3、C4 的参数值为 C4（pF）（以 C3 为例，见图 4.20），R1 的参数值为 R1（Ohm）（见图 4.21），R2 的参数值为 R2（Ohm）（见图 4.22）。

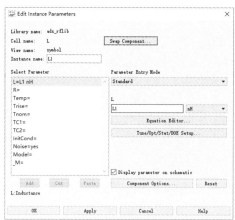

图 4.17 电感 L1 参数设置

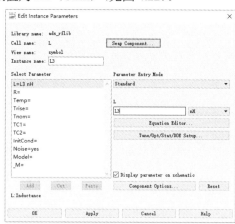

图 4.18 电感 L3 参数设置

第 4 章 阻抗变换功率分配器的设计与仿真

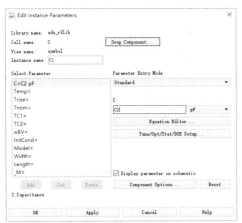

图 4.19 电容 C1 参数设置

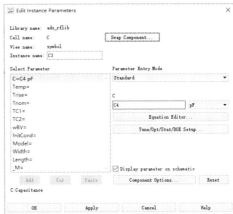

图 4.20 电容 C3 参数设置

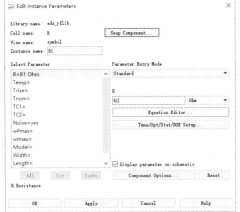

图 4.21 电阻 R1 参数设置

图 4.22 电阻 R2 参数设置

（8）定义变量的参数值。在工具栏中单击变量控件图标，在电路原理图空白处单击鼠标左键添加一个变量控件，双击该控件打开变量编辑对话框，其中：【Variable or Equation Entry Mode】栏默认是标准模式（Standard）；在【Name】栏中输入变量的名字 L1，在【Variable Value】栏中输入变量的值 1.74，单击【Apply】按钮，设置后的对话框如图 4.23 所示。如果单击【OK】按钮，则直接关闭该对话框。接下来依次设置其余的各个参数值：C2 = 0.65、L3 = 3.25、C4 = 0.35、R1 = 220、R2 = 230，如图 4.24 所示。在设置其余参数时，要单击【Add】按钮进行添加，如果单击【Apply】按钮则直接替换当前左侧参数列表中选中的变量；另外，在设置变量值时，不需要添加单位，因为在模型中已经对各个变量的单位进行了定义。

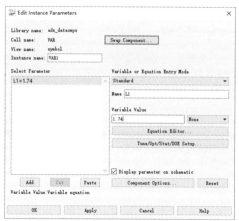 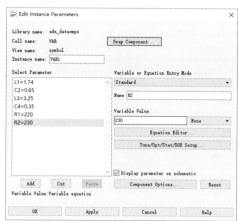

图 4.23　定义变量 L1　　　　　图 4.24　定义该电路所有的参数值

（9）ADS 的变量控件提供了 3 种添加变量的方法（分别为 Name=Value、Standard 和 File Based），可以在【Variable or Equation Entry Mode】栏中选择最适合的方法。下面介绍第 2 种方法，选择【Name=Value】模式，如图 4.25 所示。在此可以直接输入 L1=1.74，单击【Apply】按钮即可。类似地，在设置其余参数时，要单击【Add】按钮进行添加。

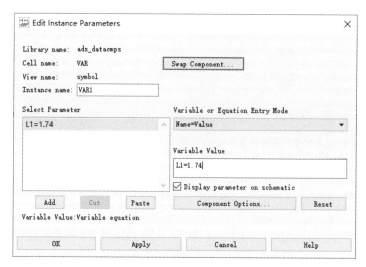

图 4.25　定义变量 L1 的第 2 种方法

（10）完成参数定义。定义好所有参数后，单击【OK】按钮，最终的理想参数定义的四阶准切比雪夫阻抗变换功率分配器电路模型如图 4.26 所示。读者可以对比电路结构图的参数，详细检查所有参数的设置是否正确。

第 4 章 阻抗变换功率分配器的设计与仿真

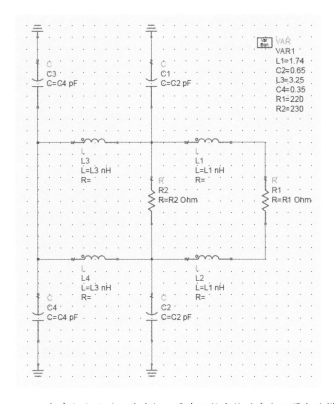

图 4.26 理想参数定义的四阶准切比雪夫阻抗变换功率分配器电路模型

4.2.2 原理图仿真

1. 设置仿真参数

（1）添加 S 参数仿真器、仿真端口和接地符号。如图 4.27 所示，在左侧元件面板列表的下拉菜单中选择【Simulation-S_Param】，单击其中的 S 参数仿真器，在绘图区添加一个 S 参数仿真器；单击【Term】端口，添加两个仿真端口；按"Esc"键退出。然后执行菜单命令【Insert】→【GROUND】，放置两个接地符号（或者直接单击【Simulation-S_Param】下的【TermG】端口，添加两个有接地参考面的仿真端口）；执行菜单命令【Insert】→【Wire】，连接仿真端口；完成后按"Esc"键退出。

（2）设置 S 参数仿真器频率范围及间隔。双击绘图区的 S 参数仿真器，按图 4.28 所示完成设置，其仿真起始频率（Start）为 0 GHz，截止频率（Stop）为 8 GHz，间隔（Step-size）为 0.01 GHz，单击【OK】按钮，得到最终的四阶准切比雪夫阻抗变换功率分配器的理想参数仿真电路模型，如图 4.29 所示。

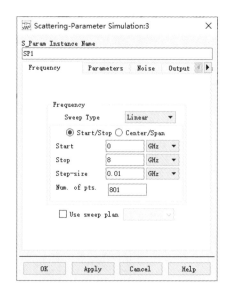

图 4.27　选择【Simulation-S_Param】　　　　图 4.28　仿真频率范围参数设置

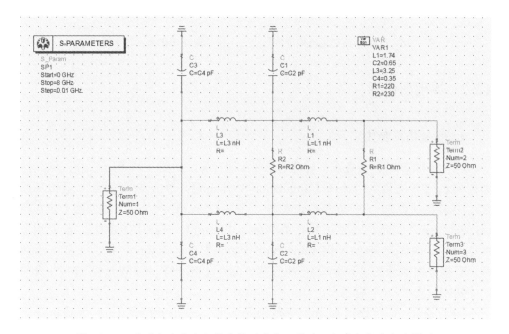

图 4.29　四阶准切比雪夫阻抗变换功率分配器的理想参数仿真电路模型

2. 查看仿真结果

（1）执行菜单命令【Simulate】→【Simulate】进行仿真，仿真结束后，数据显示窗口会被打开，如图 4.30 所示。

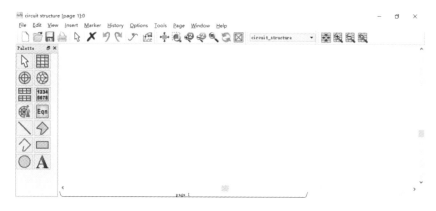

图 4.30　数据显示窗口

（2）单击左侧【Palette】控制板中的图标▦，在空白的图形显示区单击鼠标左键，打开如图 4.31 所示的对话框，设置需绘制的参数曲线。

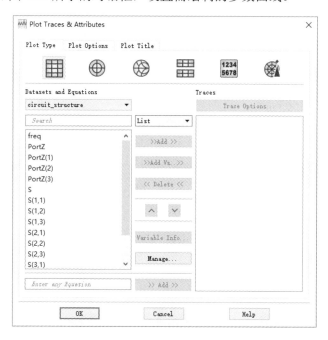

图 4.31　添加仿真结果对话框

（3）长按"Ctrl"键，依次选中 S(1,1)和 S(2,1)，单击【>>Add>>】按钮，在弹出的数据显示方式对话框中选择【dB】选项，如图 4.32 所示。单击【OK】按钮，可以观察到在右侧【Traces】列表框中增加了 dB(S(1,1))和 dB(S(2,1))，如图 4.33 所示。

图 4.32 数据显示方式对话框　　图 4.33 添加 S(1,1)和 S(2,1)曲线图

（4）单击图 4.33 中左下角的【OK】按钮，图形显示区就会出现 dB(S(1,1))和 dB(S(2,1))的曲线图（纵坐标为 dB 值），如图 4.34 所示。

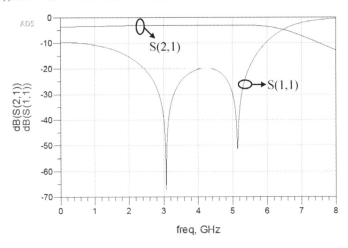

图 4.34　dB(S(1,1))和 dB(S(2,1))曲线图

（5）类似地，查看 dB(S(2,2))和 dB(S(3,2))曲线（纵坐标为 dB 值），如图 4.35 所示。

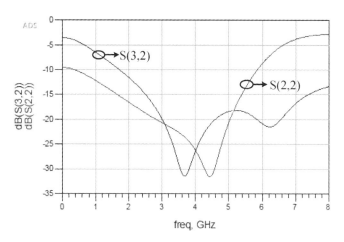

图 4.35　dB(S(2,2))和 dB(S(3,2))曲线图

3．曲线参数处理

接下来，以 dB(S(1,1))和 dB(S(2,1))曲线为例，介绍曲线参数处理。类似的方法也可用于处理其他曲线。

（1）Marker 是曲线标记，通过改变 Marker 的位置，可以读取曲线上任意一点的值。执行菜单命令【Marker】→【New...】，打开如图 4.36 所示的对话框，移动光标至需要添加 Marker 的曲线上，单击鼠标左键放置一个 Marker，如图 4.37 所示。类似地，为曲线 dB(S(2,1))添加 Marker。另外，可用鼠标左键长按 Marker 显示数据框，移动其位置。

图 4.36　Marker 添加向导

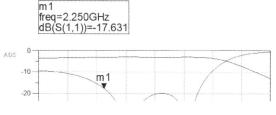

图 4.37　添加 Marker

（2）选中添加的 Marker 后，可以使用键盘上的左、右方向键来调整横坐标（freq）的位置，或者用鼠标左键单击图 4.38 所示位置，直接修改想要查看的具体频率值。此处查看 f_0 = 4.24 GHz 处的 dB(S(1,1))和 dB(S(2,1))的数值，如图 4.39 所示。

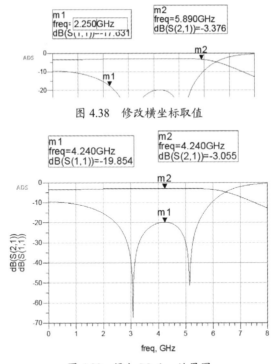

图 4.38 修改横坐标取值

图 4.39 添加 Marker 结果图

（3）下面以修改 Y 轴显示范围及美化曲线为例来介绍数据显示的编辑功能。双击 S 参数结果图，弹出【Plot Traces & Attributes】对话框，选择【Plot Options】选项卡，取消【Auto Scale】选项的选中状态（即不采用软件的自动调节范围），按照图 4.40 所示调整 Y 轴显示范围，得到调整后的 S 参数曲线图，如图 4.41 所示。

图 4.40 调整 Y 轴显示范围

第 4 章 阻抗变换功率分配器的设计与仿真

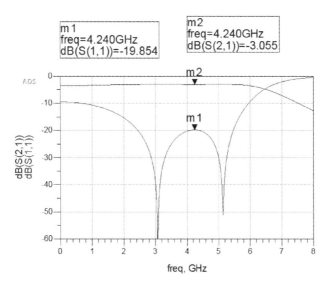

图 4.41 调整 Y 轴后的结果图

（4）此外，还可以修改曲线的类型、颜色和粗细。双击 dB(S(1,1))曲线，打开曲线选项对话框，按照图 4.42 所示进行设置（曲线颜色保持默认）。类似地，设置 dB(S(2,1))曲线选项，如图 4.43 所示；最终得到的 dB(S(1,1))和 dB(S(2,1))曲线图如图 4.44 所示。

图 4.42 曲线 dB(S(1,1))选项设置

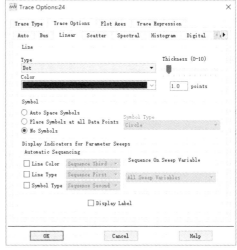

图 4.43 曲线 dB(S(2,1))选项设置

（5）类似地，设置 dB(S(2,2))和 dB(S(3,2))曲线选项，最终得到的 dB(S(2,2))和 dB(S(3,2))曲线图如图 4.45 所示。

153

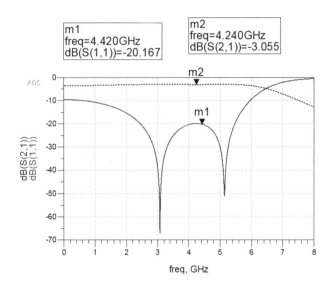

图 4.44 最终得到的 dB(S(1,1))和 dB(S(2,1))曲线图

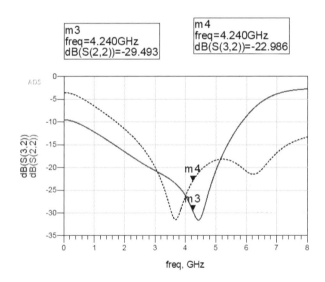

图 4.45 最终得到的 dB(S(2,2))和 dB(S(3,2))曲线图

4.3 阻抗变换功率分配器版图

由于实际电路的性能往往会与理论结果有差距，这就要考虑一些干扰、耦

合等因素的影响，因此需要利用 ADS 进行版图仿真，以及原理图与版图联合仿真。

4.3.1 层信息设置

所有电路元件均构建在相对介电常数为 12.85、损耗角正切为 0.006、厚度为 200 μm 的砷化镓（GaAs）衬底上；使用方块电阻约为 25 Ω/sq、厚度为 75 nm 的镍铬合金（NiCr）层来实现薄膜电阻；两层 5 μm 厚铜层和中间一层 0.2 μm 厚的氮化硅（Si_3N_4）层用来构建金属-绝缘体-金属（MIM）电容；另外，可在两个铜层之间搭建空气桥，用于连接螺旋电感内的电路和外围电路，这将使得版图布局更加灵活。

绘制版图前，须根据所采用的 TFIPD 工艺在版图中进行层信息的设置。

1. 新建版图

返回"Impedance_Transforming_Power_Divider_wrk"工作空间主界面，执行菜单命令【File】→【New】→【Layout...】，打开图 4.46 所示的新建版图对话框，将单元（Cell）名称修改为"thin film resistor"，单击【Create Layout】按钮，弹出版图精度设置对话框，如图 4.47 所示。在此选择"Standard ADS Layers，0.001 micron layout resolution"，即精度为 0.001 μm（注意：本章中此类单位统一为 μm），单击【Finish】按钮，弹出版图绘制窗口，如图 4.48 所示。

图 4.46 新建版图对话框

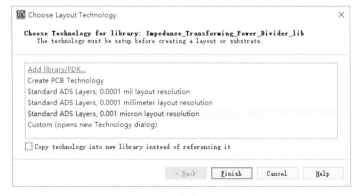

图 4.47 版图精度设置对话框

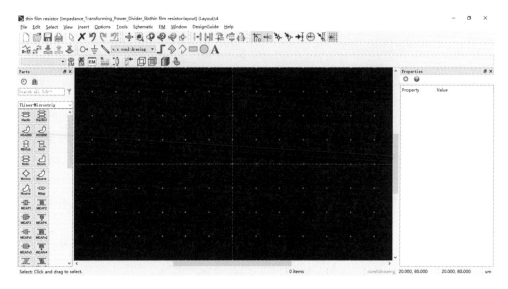

图 4.48　版图绘制窗口

2. 新建板材并添加介质和导体

（1）新建板材。在版图绘制窗口，执行菜单命令【EM】→【Substrate...】，在弹出的信息提示对话框中单击【OK】按钮，弹出如图 4.49 所示的新建衬底对话框，在此可以对名称（File name）和层信息设置模板（Template）进行相应修改。此处文件名称保持默认；因本次 TFIPD 技术采用砷化镓（GaAs）衬底，所以在【Template】栏中选择"100umGaAs"，单击【Create Substrate】按钮，弹出层信息设置窗口。执行菜单命令【View】→【View All】，此时的层信息设置窗口如图 4.50 所示。

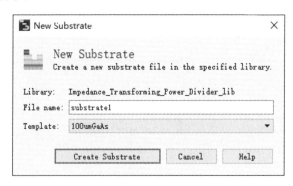

图 4.49　新建衬底对话框

第 4 章 阻抗变换功率分配器的设计与仿真

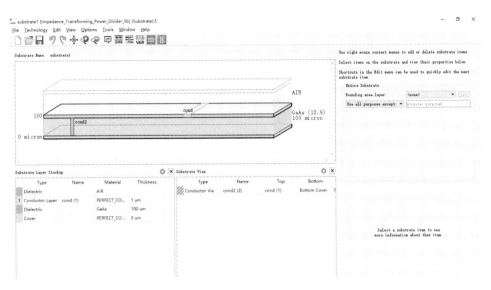

图 4.50 层信息设置窗口

（2）添加导体。在层信息设置窗口，执行菜单命令【Technology】→【Material Definitions...】，打开如图 4.51 所示的材料定义窗口，选择【Conductors】选项卡，按照图 4.52 所示定义相关导体，具体做法为：单击图 4.52 中右下角的【Add From Database...】按钮，若在弹出的从数据库中添加材料窗口（见图 4.53）中存在要添加的导体，则选中此导体，单击【OK】按钮，完成添加；若没有要添加的导体，则单击【Add Conductor】按钮，添加一个导体后，修改其相关信息；此外，对于不需要的导体，可单击图 4.52 中右下角的【Remove Conductor】按钮将其移除；全部完成后，单击【Apply】按钮。

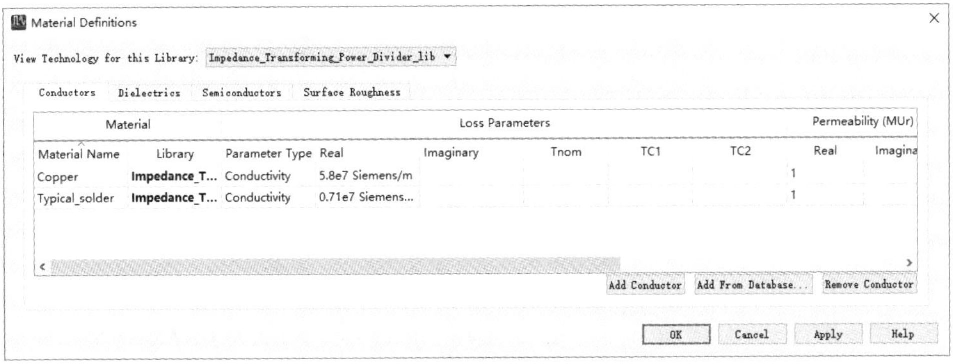

图 4.51 材料定义窗口

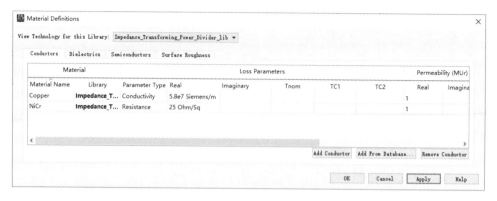

图 4.52 导体定义完成

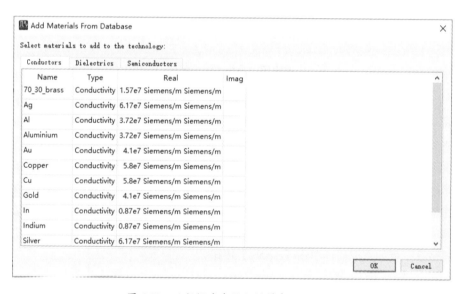

图 4.53 从数据库中添加材料窗口（一）

（3）添加介质。选择【Dielectrics】选项卡，按照图 4.54 所示添加和修改相关介质，具体做法为：单击图 4.54 中右下角的【Add From Database...】按钮，若在弹出的从数据库中添加材料窗口（见图 4.55）中存在要添加的介质，则选中此介质，单击【OK】按钮，完成添加；若没有要添加的介质，则单击【Add Dielectric】按钮，添加一个介质后，修改其相关信息；此外，对于不需要的介质，可单击图 4.54 中右下角的【Remove Dielectric】按钮将其移除；全部完成后，单击【OK】按钮，关闭材料定义窗口。

第 4 章 阻抗变换功率分配器的设计与仿真

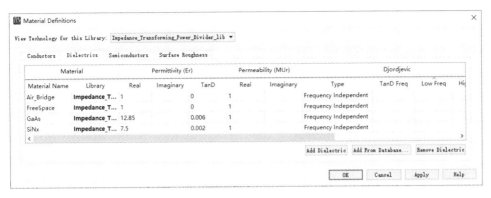

图 4.54 介质定义完成

图 4.55 从数据库中添加材料窗口（二）

3．设置层信息

（1）选中 cond 层，单击鼠标右键，在弹出的菜单中选择【Unmap】，即可删除该层导体（或者选中 cond 层，按"Delete"键删除该层导体）；用同样的方法删除 cond2 层。

（2）设置介质层。选中已存在的介质层，单击鼠标右键，在弹出的菜单中选择【Insert Substrate Layer】，即可插入一个新介质层；选中要修改的介质层，可在窗口右侧的【Substrate Layer】栏中修改其相关信息。

（3）设置导体层。选中要插入导体层的介质层的表面，单击鼠标右键，在弹

159

出的菜单中选择【Map Conductor Layer】,即可插入一个新导体层;选中要修改的导体层,可在窗口右侧的【Conductor Layer】栏中修改其相关信息。

(4)设置通孔。选中要插入通孔的介质层,单击鼠标右键,在弹出的菜单中选择【Map Conductor Via】,即可插入一个通孔;选中要修改的通孔,可在窗口右侧的【Conductor Via】栏中修改其相关信息。

(5)层信息设置如图 4.56 所示。其中:底层为 Cover 层;GaAs 层的【Thickness】为 200 μm;第 1 层 SiNx 层的【Thickness】为 0.1 μm;diel 层的【Process Role】选择"Conductor",【Material】选择"NiCr",【Operation】选择"Sheet",【Thickness】为 75 nm;bond 层的【Process Role】选择"Conductor",【Material】选择"Copper",【Operation】选择"Expand the substrate",【Position】选择"Above interface",【Thickness】为 5 μm;第 2 层 SiNx 层的【Thickness】为 0.2 μm;text 层的【Process Role】选择"Conductor",【Material】选择"Copper",【Operation】选择"Expand the substrate",【Position】选择"Above interface",【Thickness】为 0.5 μm;Air_Bridge 层的【Thickness】为 3 μm;leads 层的【Process Role】选择"Conductor",【Material】选择"Copper",【Operation】选择"Intrude the substrate",【Position】选择"Above interface",【Thickness】为 5 μm;顶层为开放的 FreeSpace 层;symbol 层的【Process Role】选择"Conductor Via",【Material】选择"Copper";packages 层的【Process Role】选择"Conductor Via",【Material】选择"Copper"。

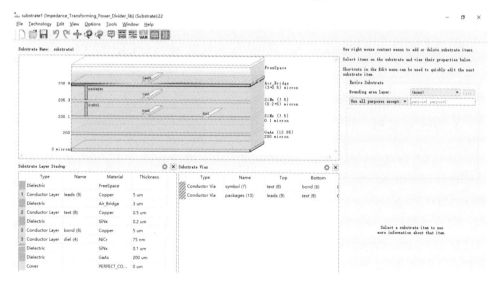

图 4.56 层信息设置

（6）此外，还可以通过菜单命令【Technology】→【Layer Definitions...】打开【Layer Definitions】窗口，修改各层显示的颜色、样式等，如图 4.57 所示。此处均保持默认设置。

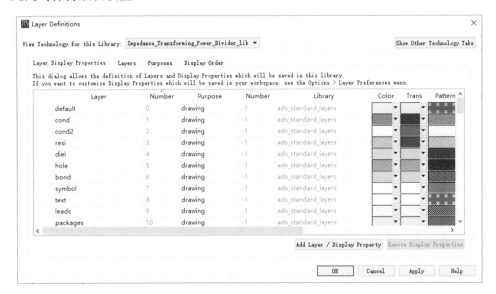

图 4.57　修改图层颜色和样式

4.3.2　薄膜电阻版图

为方便绘制版图，先在单元名为"thin film resistor"的版图中将图 4.58 中虚线框内的功能键选中；然后执行菜单命令【Options】→【Preferences...】，在打开的【Preferences for Layout】对话框中选择【Grid/Snap】选项卡，将【Spacing】区域的"Snap Grid Distance (in layout units)"、"Snap Grid Per Minor Display Grid"和"Minor Grid Per Major Display Grid"设置为合适值，此处按图 4.59 所示设置（或者在版图绘制区单击鼠标右键，在弹出的菜单中选择【Grid Spacing...】下的"< 0.1-1-100 >"；或者使用快捷键"Ctrl + Shift + 8"）。

图 4.58　选中绘制功能键

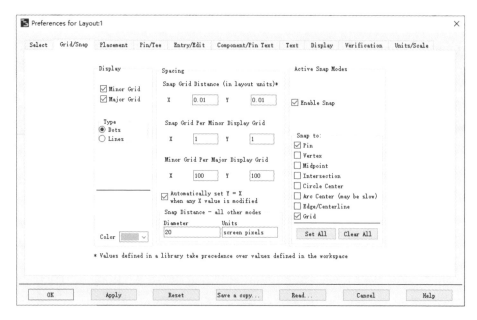

图 4.59 修改绘制最小精度

1. 薄膜电阻的版图绘制

薄膜电阻是用方块电阻约为 25 Ω/sq、厚度为 75 nm 的镍铬合金（NiCr）层来实现的。下面以 220 Ω 的薄膜电阻为例，详细介绍其绘制步骤。

（1）执行菜单命令【Insert】→【Shape】→【Rectangle】，在版图中插入一个矩形，按"Esc"键退出；选中新插入的矩形，在窗口右侧【Properties】下的【All Shapes】→【Layer】栏中选择"diel:drawing"，将【Rectangles】→【Width】栏设置为 108 μm，【Height】栏设置为 10 μm。

（2）执行菜单命令【Insert】→【Shape】→【Rectangle】，在版图中插入一个矩形，按"Esc"键退出；选中新插入的矩形，在窗口右侧【Properties】下的【All Shapes】→【Layer】栏中选择"bond:drawing"，将【Rectangles】→【Width】栏设置为 40 μm，【Height】栏设置为 20 μm，长按鼠标左键将其移动至和 diel 层重叠 15 μm 宽的中间位置；类似地，在对侧位置插入一个 bond 层矩形。至此，完成了一个薄膜电阻版图的绘制，如图 4.60 所示。

图 4.60 最终绘制的薄膜电阻版图

2. 薄膜电阻版图仿真

（1）插入仿真端口。执行菜单命令【Insert】→【Pin】，单击鼠标左键在薄膜电阻的 I/O 端口添加两个引脚（Pin），如图 4.61 所示。

图 4.61 添加两个引脚（Pin）

（2）修改仿真控制设置。执行菜单命令【EM】→【Simulation Setup...】，在弹出的新建 EM 设置视图对话框（见图 4.62）中单击【Create EM Setup View】按钮，弹出仿真控制窗口（如图 4.63 所示），选择 EM 求解器。通常选用第 2 种方法"Momentum Microwave"，该方法运行速度较快，且精度符合应用要求（第 1 种方法"Momentum RF"运行速度最快，但精度最低；第 3 种方法"FEM"即有限元法，其精度最高，但运行速度最慢，主要针对一些复杂的三维结构）。选择【Frequency plan】选项卡，修改仿真频率范围，在【Type】栏中选择"Adaptive"，将【Fstart】栏设置为 0 GHz，【Fstop】栏设置为 8 GHz，【Npts】栏设置为 50。选择【Options】选项卡，单击【Preprocessor】，选择【Heal the layout】区域的"User specified snap distance"选项，将自定义切割距离设置为 2.5 μm；单击【Mesh】，选中"Edge mesh"选项；其他保持默认设置。设置完成后，关闭仿真控制窗口，单击【OK】按钮保存设置的更改。

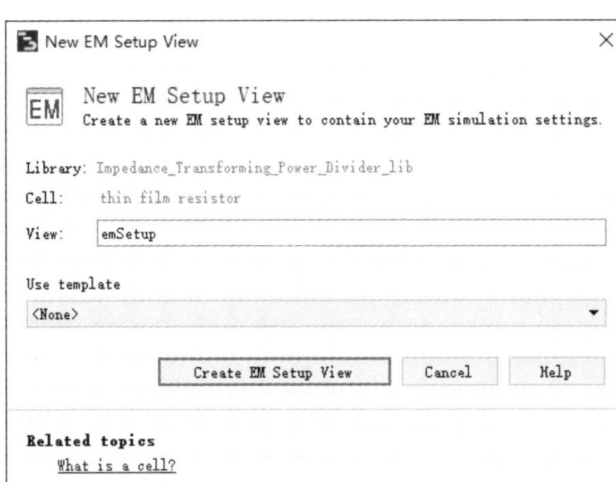

图 4.62 新建 EM 设置视图对话框

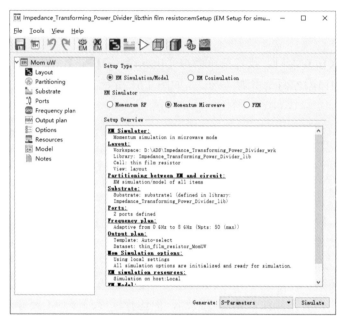

图 4.63 仿真控制窗口

(3) 版图仿真。执行菜单命令【EM】→【Simulate】进行仿真,在仿真过程中会弹出状态窗口显示仿真的进程,待仿真结束后会自动弹出数据显示窗口,参照 4.2.2 节中的方法查看并处理 dB(S(1,1)) 和 dB(S(2,1)) 曲线,最终结果如图 4.64 所示。

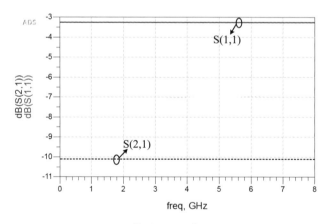

图 4.64 薄膜电阻 S 参数曲线图

3. 薄膜电阻联合仿真

为验证所绘制薄膜电阻的电阻值是否为 220 Ω,须进行电阻版图和原理图联合仿真。

(1)创建薄膜电阻模型。在版图绘制窗口,执行菜单命令【EM】→【Component】→【Create EM Model And Symbol...】,在弹出的窗口中单击【OK】按钮;再执行菜单命令【Edit】→【Component】→【Update Component Definitions...】,在弹出的窗口中单击【OK】按钮,完成薄膜电阻模型的创建。

(2)新建电路原理图并插入薄膜电阻模型。返回"Impedance_Transforming_Power_Divider_wrk"工作空间主界面,执行菜单命令【File】→【New】→【Schematic...】,在新建电路原理图对话框中修改单元(Cell)的名称为"thin film resistor-cosimulation",单击【Create Schematic】按钮新建电路原理图。单击电路原理图窗口左侧的【Open the Library Browser】图标,在弹出的元件库列表窗口中选择【Workspace Libraries】下的"thin film resistor"(即刚刚创建的薄膜电阻模型),如图 4.65 所示。单击鼠标右键,在弹出的菜单中选择【Place Component】,在电路原理图中添加一个薄膜电阻模型,按"Esc"键退出。

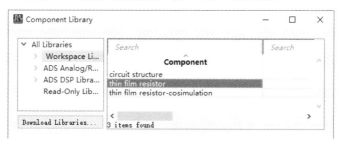

图 4.65 薄膜电阻模型

(3)添加理想电阻。在左侧元件面板列表的下拉菜单中选择【Lumped-Components】,单击其中的电阻图标,在右侧的绘图区添加一个电阻,按"Esc"键退出。双击该电阻,在弹出的参数编辑对话框中修改 R = 220 Ohm(注意检查单位设置是否一致),单击【OK】按钮保存参数的修改。

(4)添加 S 参数仿真器、仿真端口和接地符号。在左侧元件面板列表的下拉菜单中选择【Simulation-S_Param】,单击其中的 S 参数仿真器,在绘图区添加一个 S 参数仿真器,再单击【Term】端口,添加 4 个仿真端口,按"Esc"键退出;执行菜单命令【Insert】→【GROUND】,放置 4 个接地符号(或者直接单击【Simulation-S_Param】下的【TermG】端口,添加 4 个有接地参考面的仿真端口),执行菜单命令【Insert】→【Wire】,连接电阻和仿真端口,完成后按"Esc"键退出。

(5)设置 S 参数仿真器频率范围及间隔。双击绘图区的 S 参数仿真器,设置其仿真起始频率(Start)为 0 GHz,截止频率(Stop)为 8 GHz,间隔(Step-size)为 0.01 GHz,单击【OK】按钮,得到最终的电阻联合仿真电路图,如图 4.66 所示。

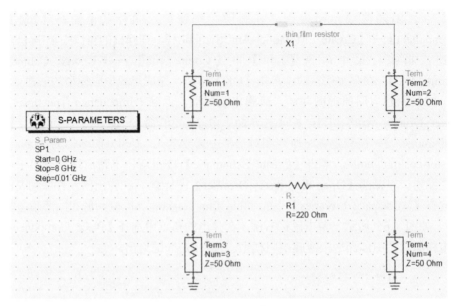

图 4.66　电阻联合仿真电路图

（6）联合仿真。执行菜单命令【Simulate】→【Simulate】进行仿真，仿真结束后数据显示窗口会被打开，参照 4.2.2 节中的方法查看并处理 dB(S(1,1))、dB(S(2,1))、dB(S(3,3)) 和 dB(S(4,3)) 曲线，最终结果如图 4.67 所示。从图中可以看出，dB(S(1,1)) 和 dB(S(3,3)) 两条曲线、dB(S(2,1)) 和 dB(S(4,3)) 两条曲线几乎重合，说明所绘制薄膜电阻的电阻值约为 220 Ω。如果曲线相差较大，则应返回修改薄膜电阻版图，重复上述步骤，直至两条曲线的误差在可接受的范围内为止。

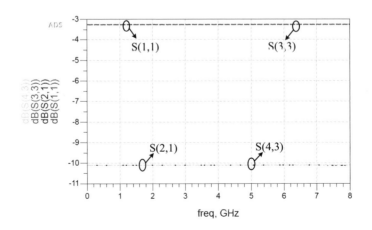

图 4.67　电阻联合仿真 S 参数曲线图

4.3.3 MIM 电容版图

1. MIM 电容版图绘制

bond 和 leads 两层 5 μm 厚的铜层以及中间一层 0.2 μm 厚的 Si_3N_4 层被用来构建 MIM 电容。MIM 电容的电容值是由其面积和中间介质层的厚度来决定的。下面以 0.35 pF 的 MIM 电容为例，详细介绍其绘制步骤。

（1）新建版图。在"Impedance_Transforming_Power_Divider_wrk"工作空间主界面，执行菜单命令【File】→【New】→【Layout...】，在弹出的新建版图对话框中修改单元（Cell）的名称为"MIM capacitor"，单击【Create Layout】按钮，弹出版图绘制窗口。

（2）MIM 电容叠层。执行菜单命令【Insert】→【Shape】→【Rectangle】，在版图中插入一个矩形，按"Esc"键退出；选中新插入的矩形，在窗口右侧【Properties】下的【All Shapes】→【Layer】栏中选择"bond:drawing"，将【Rectangles】→【Width】栏设置为 43 μm，【Height】栏设置为 33 μm。执行菜单命令【Edit】→【Copy/Paste】→【Copy To Layer...】，在弹出的图层复制窗口中选择"text: drawing"（见图 4.68），单击【Apply】按钮，在原位置复制一个 text 层；类似地，在原位置再复制 leads 层和 packages 层各一个；全部复制完成后，单击【Cancel】按钮关闭此窗口。

图 4.68 图层复制窗口

（3）层缩进。MIM 电容各层之间存在不同的缩进。选中 leads 层，执行菜单命令【Edit】→【Scale/Oversize】→【Oversize...】，打开缩进对话框。因 leads 层比 bond 层相对缩进 1.5 μm，故在弹出的缩进对话框的【Oversize(+)/Undersize(-)】栏中输入-1.5，如图 4.69 所示；单击【Apply】按钮完成缩进。类似地，使 text 层和 packages 层比 bond 层相对缩进 3 μm。

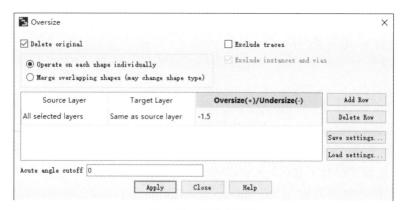

图 4.69　缩进对话框

（4）连接部分绘制。执行菜单命令【Insert】→【Shape】→【Rectangle】，在版图中插入一个矩形，按"Esc"键退出；选中新插入的矩形，在窗口右侧【Properties】下的【All Shapes】→【Layer】栏中选择"bond:drawing"，将【Rectangles】→【Width】栏设置为 40 μm，【Height】栏设置为 20 μm，长按鼠标左键将其移动至 MIM 电容中间位置，且与原本的 bond 层相连接。类似地，在对侧位置插入一个 leads 层矩形，且与原本的 leads 层相连接。至此，完成了一个 MIM 电容版图的绘制，如图 4.70 所示。

图 4.70　最终绘制的 MIM 电容版图

2. MIM 电容版图仿真

（1）插入仿真端口。执行菜单命令【Insert】→【Pin】，单击鼠标左键在 MIM 电容的 I/O 端口添加两个引脚（Pin），如图 4.71 所示。

图 4.71　添加两个引脚（Pin）

（2）修改仿真控制设置。执行菜单命令【EM】→【Simulation Setup...】，在

弹出的新建 EM 设置视图对话框中单击【Create EM Setup View】按钮，弹出仿真控制窗口，选择 EM 求解器中的第 2 种方法"Momentum Microwave"。选择【Frequency plan】选项卡，修改仿真频率范围，在【Type】栏中选择"Adaptive"，将【Fstart】栏设置为 0 GHz，【Fstop】栏设置为 8 GHz，【Npts】栏设置为 50。选择【Options】选项卡，单击【Preprocessor】，选择【Heal the layout】区域的"User specified snap distance"选项，将自定义切割距离设置为 2.5 μm；单击【Mesh】，选中"Edge mesh"选项；其他保持默认设置。设置完成后，关闭仿真控制窗口，单击【OK】按钮保存设置的更改。

(3) 版图仿真。执行菜单命令【EM】→【Simulate】进行仿真，在仿真过程中会弹出状态窗口显示仿真的进程，待仿真结束后会自动弹出数据显示窗口，参照 4.2.2 节中的方法查看并处理 dB(S(1,1)) 和 dB(S(2,1)) 曲线，最终结果如图 4.72 所示。

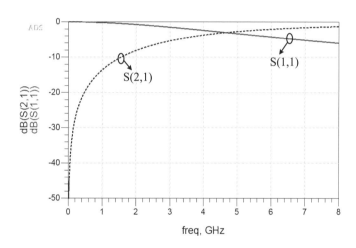

图 4.72 MIM 电容 S 参数曲线图

3．MIM 电容联合仿真

为验证所绘制 MIM 电容的电容值是否为 0.35 pF，须进行电容版图和原理图联合仿真。

（1）创建 MIM 电容模型。在版图绘制窗口，执行菜单命令【EM】→【Component】→【Create EM Model And Symbol...】，在弹出的窗口中单击【OK】按钮；再执行菜单命令【Edit】→【Component】→【Update Component Definitions...】，在弹出的窗口中单击【OK】按钮，完成 MIM 电容模型的创建。

（2）新建电路原理图并插入 MIM 电容模型。返回"Impedance_Transforming_Power_Divider_wrk"工作空间主界面，执行菜单命令【File】→【New】→【Schematic...】，在新建电路原理图对话框中修改单元（Cell）的名称为"MIM capacitor-cosimulation",单击【Create Schematic】按钮新建电路原理图。单击电路原理图窗口左侧的【Open the Library Browser】图标,在弹出的元件库列表窗口中选择【Workspace Libraries】下的"MIM capacitor"(即刚刚创建的 MIM 电容模型),单击鼠标右键,在弹出的菜单中选择【Place Component】,在电路原理图中添加一个 MIM 电容模型,按"Esc"键退出。

(3)添加理想电容。在左侧元件面板列表的下拉菜单中选择【Lumped-Components】,单击其中的电容图标,在右侧的绘图区添加一个电容,按"Esc"键退出。双击该电容,在弹出的参数编辑对话框中修改 $C = 0.35$ pF(注意检查单位设置是否一致),单击【OK】按钮保存参数修改。

(4)添加 S 参数仿真器、仿真端口和接地符号。在左侧元件面板列表的下拉菜单中选择【Simulation-S_Param】,单击其中的 S 参数仿真器,在绘图区添加一个 S 参数仿真器,再单击【Term】端口,添加 4 个仿真端口,按"Esc"键退出,然后执行菜单命令【Insert】→【GROUND】,放置 4 个接地符号(或者直接单击【Simulation-S_Param】下的【TermG】端口,添加 4 个有接地参考面的仿真端口),执行菜单命令【Insert】→【Wire】,连接电容和仿真端口,完成后按"Esc"键退出。

(5)设置 S 参数仿真器频率范围及间隔。双击绘图区的 S 参数仿真器【S-PARAMETERS】,设置其仿真起始频率(Start)为 0 GHz,截止频率(Stop)为 8 GHz,间隔(Step-size)为 0.01 GHz,单击【OK】按钮,得到最终的电容联合仿真电路图,如图 4.73 所示。

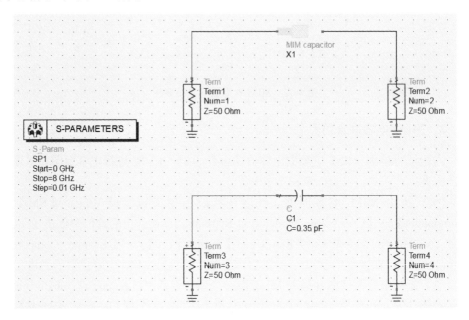

图 4.73 电容联合仿真电路图

第 4 章 阻抗变换功率分配器的设计与仿真

(6) 联合仿真。执行菜单命令【Simulate】→【Simulate】进行仿真,仿真结束后数据显示窗口会被打开,参照 4.2.2 节中的方法查看并处理 dB(S(1,1))、dB(S(2,1))、dB(S(3,3))和 dB(S(4,3))曲线,最终结果如图 4.74 所示。从图中可以看出,dB(S(1,1))和 dB(S(3,3))两条曲线、dB(S(2,1))和 dB(S(4,3))两条曲线几乎重合,说明所绘制 MIM 电容的电容值约为 0.35 pF。如果曲线相差较大,则应返回修改 MIM 电容版图,重复上述步骤,直至两条曲线的误差在可接受的范围内为止。

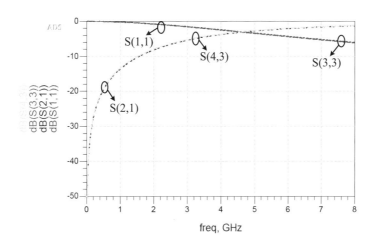

图 4.74　电容联合仿真 S 参数曲线图

4.3.4　螺旋电感版图

1. 螺旋电感版图绘制

螺旋电感的电感值与其内半径、匝数、绕线宽度和绕线间距相关。下面以 3.25 nH 的螺旋电感为例,详细介绍其绘制步骤。

(1) 新建版图。在"Impedance_Transforming_Power_Divider_wrk"工作空间主界面,执行菜单命令【File】→【New】→【Layout...】,在弹出的新建版图对话框中修改单元(Cell)的名称为"spiral inductor",单击【Create Layout】按钮,弹出版图绘制窗口。

(2) 添加螺旋电感。在左侧元件面板列表的下拉菜单中选择【TLines-Microstrip】(见图 4.75),找到并单击微带圆形螺旋电感图标,在弹出的参数编辑对话框中,修改匝数 N = 3.5,内半径 Ri = 75 μm,绕线宽度 W = 15 μm,绕线间距 S = 15 μm,如图 4.76 所示。单击【OK】按钮,在右侧绘图区添加一个螺旋电感,按"Esc"键退出。

图 4.75　选择【TLines-Microstrip】

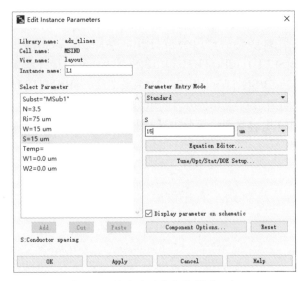

图 4.76　修改后的参数编辑对话框

（3）螺旋电感层修改。选中新添加的螺旋电感，执行菜单命令【Edit】→【Component】→【Flatten...】，在弹出的对话框中单击【OK】按钮；执行菜单命令【Edit】→【Merge】→【Union】，将其合为一体；在窗口右侧【Properties】下的【All Shapes】→【Layer】栏中选择"bond:drawing"。

（4）螺旋电感叠层。选中螺旋电感 bond 层，执行菜单命令【Edit】→【Copy/Paste】→【Copy To Layer...】，在弹出的图层复制窗口中选择"text:drawing"，单击【Apply】按钮，在原位置复制一个 text 层。类似地，在原位置再复制 leads 层、symbol 层和 packages 层各一个；全部复制完成后，单击【Cancel】按钮关闭此窗口。

（5）空气桥搭建。为了将螺旋电感与外围电路相连接，采用搭建空气桥的方法。执行菜单命令【Insert】→【Shape】→【Rectangle】，在版图绘制区插入一个矩形，选中新插入的矩形，在窗口右侧【Properties】下的【All Shapes】→【Layer】栏中选择选择"cond:drawing"，将【Rectangles】→【Height】栏设置为 40 μm，【Width】栏中可为任意值，长按鼠标左键将其移动至空气桥搭建位置，如图 4.77 所示；按快捷键"Ctrl+A"将版图全部选中，执行菜单命令【Edit】→【Boolean Logical...】，在弹出的布尔逻辑运算窗口中，按照图 4.78 修改 bond 层和 cond 层之间的布尔相减运算，

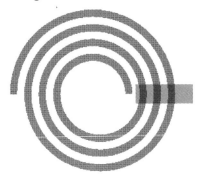

图 4.77　空气桥搭建位置

单击【Apply】按钮完成运算；类似地，完成 text 层、symbol 层、packages 层和 cond 层之间的布尔相减运算，只保留顶层 leads 层金属；全部运算完成后，单击【Cancel】按钮关闭此窗口；然后选中 cond 层，按【Delete】键将其删除。空气桥搭建完成后的螺旋电感如图 4.79 所示。

图 4.78　布尔逻辑运算窗口

（6）层缩进。螺旋电感各层之间存在不同的缩进。由于布尔逻辑运算后，同一层已经断开，故须执行菜单命令【View】→【Layer View】→【By Name...】，在弹出的版图图层查看窗口（见图 4.80）中选择"text:drawing"，可以看到在螺旋电感版图中只显示了 text 层；使用快捷键"Ctrl + A"将显示的 text 层选中，执行菜单命令【Edit】→【Scale/Oversize】→【Oversize...】，打开缩进对话框。因 text 层比 bond 层相对缩进 2 μm，故在弹出的缩进对话框的【Oversize(+)/Undersize(-)】栏中输入-2，单击【Apply】按钮完成缩进。类似地，使 symbol 层和 packages 层均比 bond 层相对缩进 2 μm。

图 4.79　空气桥搭建完成后的螺旋电感

（7）螺旋电感和外电路的连接。执行菜单命令【Insert】→【Shape】→【Rectangle】，在版图中插入一个矩形，按"Esc"键退出；选中新插入的矩形，在窗口右侧【Properties】下的【All Shapes】→【Layer】栏中选择"bond:drawing"，将【Rectangles】→【Height】栏设置为 15 μm，【Width】栏可

根据空气桥的具体尺寸进行设置，长按鼠标左键将其移动至空气桥的位置，且与原本的 bond 层相连接。至此，完成了一个螺旋电感版图的绘制，如图 4.81 所示。

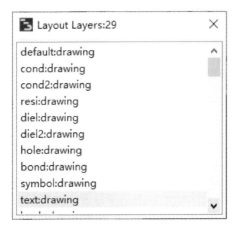

图 4.80　版图图层查看窗口　　　　图 4.81　最终绘制的螺旋电感版图

2. 螺旋电感版图仿真

（1）插入仿真端口。执行菜单命令【Insert】→【Pin】，单击鼠标左键在螺旋电感的 I/O 端口添加两个引脚（Pin），如图 4.82 所示。

（2）修改仿真控制设置。执行菜单命令【EM】→【Simulation Setup…】，在弹出的新建 EM 设置视图对话框中单击【Create EM Setup View】按钮，弹出仿真控制窗口，选择 EM 求解器中的第 2 种方法"Momentum Microwave"。选择【Frequency plan】选项卡，修改仿真频率范围，在【Type】栏中选择"Adaptive"，将

图 4.82　添加两个引脚（Pin）

【Fstart】栏设置为 0 GHz，【Fstop】栏设置为 8 GHz，【Npts】栏设置为 50。选择【Options】选项卡，单击【Preprocessor】，选择【Heal the layout】区域的"User specified snap distance"选项，将自定义切割距离设置为 2.5 μm；单击【Mesh】，选中"Edge mesh"选项；其他保持默认设置。设置完成后，关闭仿真控制窗口，单击【OK】按钮保存设置的更改。

（3）版图仿真。执行菜单命令【EM】→【Simulate】进行仿真，在仿真过程中会弹出状态窗口显示仿真的进程，仿真结束后会自动弹出数据显示窗

口，参照 4.2.2 节中的方法查看 dB(S(1,1))和 dB（S(2,1)）的数据仿真结果，如图 4.83 所示。

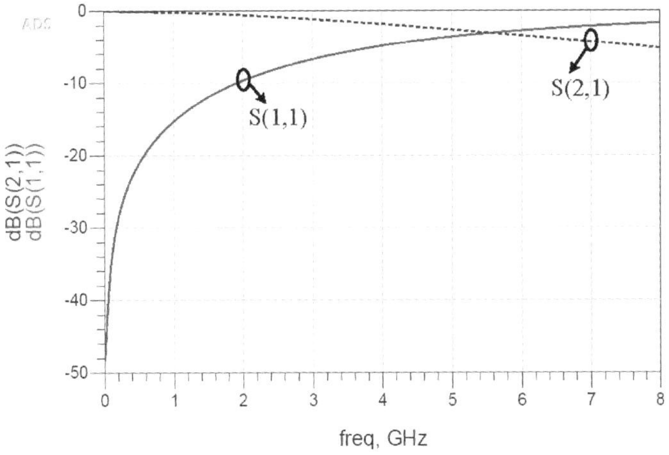

图 4.83　螺旋电感 S 参数曲线图

3．螺旋电感联合仿真

为验证所绘制螺旋电感的电感值是否为 3.25 nH，须进行电感版图和原理图联合仿真。

（1）创建螺旋电感模型。在版图绘制窗口，执行菜单命令【EM】→【Component】→【Create EM Model And Symbol...】，在弹出的窗口中单击【OK】按钮，再执行菜单命令【Edit】→【Component】→【Update Component Definitions...】，在弹出的窗口中单击【OK】按钮，完成螺旋电感模型的创建。

（2）新建电路原理图并插入螺旋电感模型。返回工作空间主界面，执行菜单命令【File】→【New】→【Schematic...】，在新建电路原理图对话框中修改单元（Cell）的名称为"spiral inductor-cosimulation"，单击【Create Schematic】按钮新建电路原理图。单击电路原理图窗口左侧的【Open the Library Browser】图标，在弹出的元件库列表窗口中选择【Workspace Libraries】下的"spiral inductor"（即刚刚创建的螺旋电感模型），单击鼠标右键，在弹出的菜单中选择【Place Component】，在电路原理图中添加一个螺旋电感模型，按"Esc"键退出。

（3）添加理想电感。在左侧元件面板列表的下拉菜单中选择【Lumped-Components】，单击其中的电感图标，在右侧的绘图区添加一个电感，按"Esc"键退出。双击该电感，在弹出的参数编辑对话框中修改 L = 3.25 nH（注意检查单位设置是否一致），单击【OK】按钮保存参数修改。

(4) 添加 S 参数仿真器、仿真端口和接地符号。在左侧元件面板列表的下拉菜单中选择【Simulation-S_Param】，单击其中的 S 参数仿真器 ，在绘图区添加一个 S 参数仿真器，再单击【Term】端口 ，添加 4 个仿真端口，按"Esc"键退出，然后执行菜单命令【Insert】→【GROUND】，放置 4 个接地符号（或者直接单击【Simulation-S_Param】下的【TermG】端口 ，添加 4 个有接地参考面的仿真端口），执行菜单命令【Insert】→【Wire】，连接电感和仿真端口，完成后按"Esc"键退出。

(5) 设置 S 参数仿真器频率范围及间隔。双击绘图区的 S 参数仿真器 ，设置其仿真起始频率（Start）为 0 GHz，截止频率（Stop）为 8 GHz，间隔（Step-size）为 0.01 GHz，单击【OK】按钮，得到最终的电感联合仿真电路图，如图 4.84 所示。

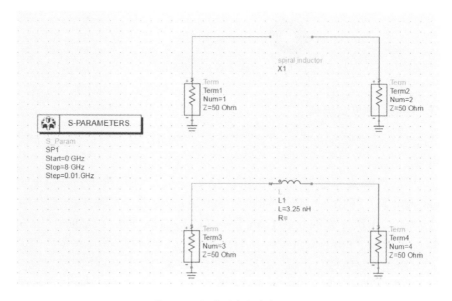

图 4.84　电感联合仿真电路图

(6) 联合仿真。执行菜单命令【Simulate】→【Simulate】进行仿真，仿真结束后数据显示窗口会被打开，参照 4.2.2 节中的方法查看 dB(S(1,1))、dB(S(2,1))、dB(S(3,3)) 和 dB(S(4,3)) 的数据仿真结果，最终结果显示如图 4.85 所示。从图中可以看出，曲线 dB(S(1,1)) 和 dB(S(3,3))、dB(S(2,1)) 和 dB(S(4,3)) 几乎重合，说明所绘制的螺旋电感的电感值约为 3.25 nH。如果曲线相差较大，则应返回修改螺旋电感版图，重复上述步骤，直至两条曲线的误差在可接受的范围内为止。

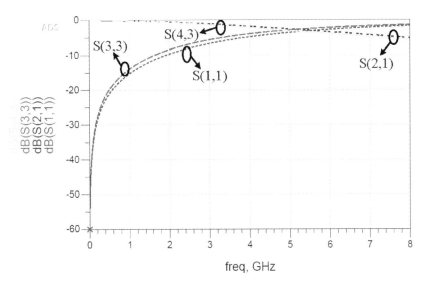

图 4.85 电感联合仿真 S 参数曲线图

4.3.5 阻抗变换功率分配器版图设计

（1）绘制薄膜电阻。参照 4.3.2 节中的内容，绘制出电阻值为 230 Ω 的薄膜电阻。

（2）绘制 MIM 电容。参照 4.3.3 节中的内容，绘制出电容值为 0.65 pF 的 MIM 电容。

（3）绘制螺旋电感。参照 4.3.4 节中的内容，绘制出电感值为 1.74 nH 的螺旋电感。

（4）新建版图并复制相应元件版图。在"Impedance_Transforming_Power_Divider_wrk"工作空间主界面，执行菜单命令【File】→【New】→【Layout...】，在弹出的新建版图对话框中修改单元（Cell）的名称为"impedance-transforming power divider"，单击【Create Layout】按钮，弹出版图绘制窗口。依次按快捷键"Ctrl + C"和"Ctrl + V"将所有绘制的元件版图复制到此版图绘制窗口中。由图 4.29 所示的仿真电路模型可知，L_1 = 1.74 nH 和 L_3 = 3.25 nH 的电感各有两个，C_2 = 0.65 pF 和 C_4 = 0.35 pF 的电容各有两个，故须将 1.74 nH 和 3.25 nH 的螺旋电感各复制两次，将 0.65 pF 的 MIM 电容和 0.35 pF 的 MIM 电容各复制两次。

（5）绘制焊盘。为方便进行后期的封装和测试，需在 I/O 端口和接地处加入焊盘，其具体绘制步骤为：执行菜单命令【Insert】→【Shape】→【Rectangle】，在版图中插入一个矩形，按"Esc"键退出；选中新插入的矩形，在窗口右侧

【Properties】下的【All Shapes】→【Layer】栏中选择"bond:drawing",【Rectangles】→【Width】栏和【Height】栏可根据实际情况进行设置;执行菜单命令【Edit】→【Copy/Paste】→【Copy To Layer...】,在弹出的图层复制窗口中选择"text:drawing",单击【Apply】按钮,在原位置复制一个 text 层;类似地,在原位置再复制 leads 层、symbol 层和 packages 层各一个;全部复制完成后,单击【Cancel】按钮关闭此窗口。然后进行层缩进,将微带线或焊盘版图的 text 层选中,执行菜单命令【Edit】→【Scale/Oversize】→【Oversize...】,因 text 层比 bond 层相对缩进 2 μm,故在弹出的缩进对话框的【Oversize(+)/Undersize(-)】栏中输入 -2,单击【Apply】按钮完成缩进;类似地,使 symbol 层和 packages 层均比 bond 层相对缩进 2 μm。

(6)版图布局和元件连接。综合考虑电路尺寸和版图美观等各方面因素,对版图进行整体布局,并依照图 4.29 所示的仿真电路模型用微带线进行元件连接[微带线的绘制方法和焊盘相同,具体操作可参照步骤(5)中的内容,此处不再赘述]。考虑后期芯片封装引入的金属引线对阻抗变换功分器性能的影响,经过不断的版图参数优化,得到最终版图如图 4.86 所示。

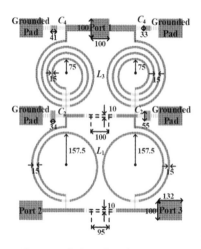

图 4.86 最终版图(单位:μm)

4.3.6 版图仿真

1. 阻抗变换功率分配器版图仿真

(1)插入仿真端口。执行菜单命令【Insert】→【Pin】,单击鼠标左键分别在 I/O 焊盘和接地焊盘上添加引脚(Pin);长按"Ctrl"键,依次选中所有的引脚(Pin),在窗口右侧【Properties】下的【All Shapes】→【Layer】栏中选择"leads:drawing",添加的引脚(Pin)如图 4.87 所示。

(2)修改仿真控制设置。执行菜单命令【EM】→【Simulation Setup...】,在弹出的新建 EM 设置视图对话框中单击【Create EM Setup

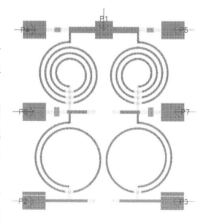

图 4.87 添加的引脚(Pin)

View】按钮，弹出仿真控制窗口，选择 EM 求解器的第 2 种方法 "Momentum Microwave"。选择【Frequency plan】选项卡，修改仿真频率范围，在【Type】栏中选择 "Adaptive"，将【Fstart】栏设置为 0 GHz，【Fstop】栏设置为 8 GHz，【Npts】栏设置为 50。选择【Options】选项卡，单击【Preprocessor】，选择【Heal the layout】区域的 "User specified snap distance" 选项，将自定义切割距离设置为 2.5 μm；单击【Mesh】，选中 "Edge mesh" 选项；其他保持默认设置。设置完成后，关闭仿真控制窗口，单击【OK】按钮保存设置的更改。

（3）版图仿真。执行菜单命令【EM】→【Simulate】进行仿真，仿真过程中会弹出状态窗口显示仿真的进程，整个仿真过程一般比较漫长。由于此版图中没有接地符号，所以不以其仿真数据结果来评估此阻抗变换功率分配器的性能，待仿真结束后，直接关闭自动弹出的数据显示窗口。

2. 阻抗变换功率分配器联合仿真

为评估所绘制阻抗变换功率分配器的性能，须进行阻抗变换功率分配器联合仿真。

（1）创建阻抗变换功率分配器模型。在版图绘制窗口，执行菜单命令【EM】→【Component】→【Create EM Model And Symbol...】，在弹出的窗口中单击【OK】按钮，再执行菜单命令【Edit】→【Component】→【Update Component Definitions...】，在弹出的窗口中单击【OK】按钮，完成阻抗变换功率分配器模型的创建。

（2）新建电路原理图并插入阻抗变换功率分配器模型。返回 "Impedance_Transforming_Power_Divider_wrk" 工作空间主界面，单击工具栏中的【New Schematic Window】图标，在新建电路原理图对话框中将单元（Cell）的名称修改为 "impedance-transforming power divider-cosimulation"，单击【Create Schematic】按钮新建电路原理图。单击电路原理图窗口左侧的【Open the Library Browser】图标，在弹出的元件库列表窗口中选中【Workspace Libraries】下的 "impedance-transforming power divider"（即刚刚创建的阻抗变换功率分配器模型），单击鼠标右键，在弹出的菜单中选择【Place Component】，在电路原理图中添加一个阻抗变换功率分配器模型，按 "Esc" 键退出。

（3）添加金属引线等效电感。将后期芯片封装所用金属引线的等效电感 $L = 0.33$ nH 添加至联合仿真电路中，使联合仿真结果更加接近最终芯片测试结果。在左侧元件面板列表的下拉菜单中选择【Lumped-Components】，单击其中的电感图标，在右侧的绘图区添加一个电感，按 "Esc" 键退出；双击该电感，在弹出的参数编辑对话框中修改 $L = 0.33$ nH，单击【OK】按钮保存参数修改。用同样的方法再添加 6 个 0.33 nH 的电感。

（4）添加 S 参数仿真器、仿真端口和接地符号。在左侧元件面板列表的下拉菜单中选择【Simulation-S_Param】，单击其中的 S 参数仿真器，在绘图区添加一个 S 参数仿真器，再单击【Term】端口，添加 3 个仿真端口，按"Esc"键退出；执行菜单命令【Insert】→【GROUND】，放置 7 个接地符号（或者直接单击【Simulation-S_Param】下的【TermG】端口，添加 3 个有接地参考面的仿真端口，再执行菜单命令【Insert】→【GROUND】，放置 4 个接地符号），执行菜单命令【Insert】→【Wire】，依据图 4.29 所示的仿真电路模型连接所有元件，完成后按"Esc"键退出。

（5）设置 S 参数仿真器频率范围及间隔。双击绘图区的 S 参数仿真器，设置其仿真起始频率（Start）为 0 GHz，截止频率（Stop）为 8 GHz，间隔（Step-size）为 0.01 GHz，单击【OK】按钮，得到最终的阻抗变换功率分配器联合仿真电路图，如图 4.88 所示。

（6）联合仿真。执行菜单命令【Simulate】→【Simulate】进行仿真，仿真结束后数据显示窗口会被打开，参照 4.2.2 节中的方法查看并处理 dB(S(1,1)) 和 dB(S(2,1)) 以及 dB(S(2,2)) 和 dB(S(3,2)) 曲线，最终结果如图 4.89 和图 4.90 所示。

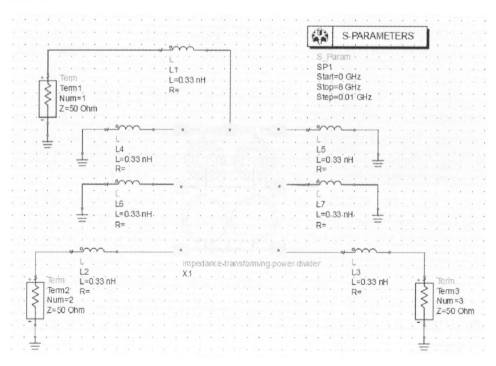

图 4.88　阻抗变换功率分配器联合仿真电路图

第 4 章 阻抗变换功率分配器的设计与仿真

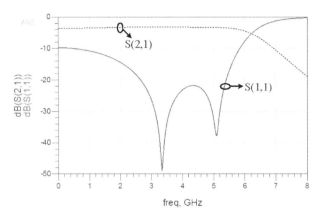

图 4.89 联合仿真 dB(S(1,1))和 dB(S(2,1)曲线图

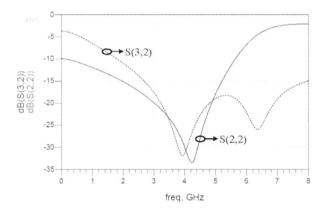

图 4.90 联合仿真 dB(S(2,2))和 dB(S(3,2))曲线图

4.4 封装和测试

4.4.1 芯片封装

经过加工，得到了最终的阻抗变换功率分配器芯片。移动终端使用的射频芯片必须进行封装，才能与其他设备协同工作，形成射频前端系统。目前，在集成电路封装中，引线键合技术和倒装芯片技术是两种较为常用且实用的封装技术。本章中阻抗变换功率分配器芯片的封装采用引线键合技术。引线键合需要引线、接地共面波导等多种连接结构来实现芯片与 PCB 的电性连接。具体来说，就是通过引线将接地焊盘连接到 PCB 的地线上，I/O 端口连接到接地共面波导。接地共面波导的作用

是向外扩展阻抗变换功率分配器芯片的 I/O 端口，使 SMA 连接器可以更容易地固定在 PCB 的边缘以便进行测试。封装后的阻抗变换功率分配器如图 4.91 所示。

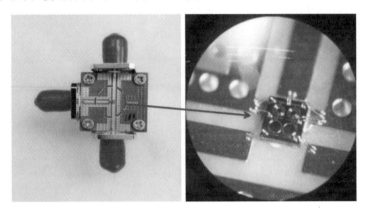

图 4.91　封装后的阻抗变换功率分配器

4.4.2　芯片测试

1. 测试结果

使用 ROHDE & SCHWARZ ZVA8 矢量网络分析仪对阻抗变换功率分配器芯片进行参数测试。dB(S(1,1))和 dB(S(2,1))、dB(S(2,2))和 dB(S(3,2))的仿真测试结果分别如图 4.92、图 4.93 所示。

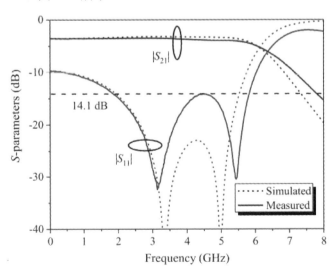

图 4.92　dB(S(1,1))和 dB(S(2,1))的仿真测试结果

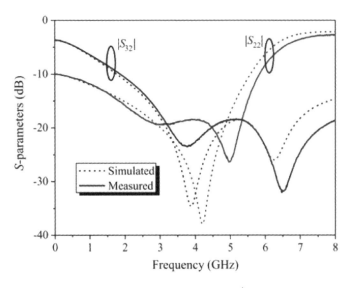

图 4.93　dB(S(2,2))和 dB(S(3,2))的仿真测试结果

2．结果分析

从图 4.92 和图 4.93 中可以发现，测试结果与 ADS 仿真结果基本吻合，其偏差是由机械误差和工业材料的介电常数不准确等原因造成的。由测试结果可以得知：在 2.88～5.0 GHz 的带宽范围内，输入回波损耗$|S_{11}|$和输出回波损耗$|S_{22}|$分别大于 14.10 dB 和 15.23 dB；带内输出端口之间的隔离$|S_{32}|$大于 10.02 dB，而插入损耗$|S_{21}|$小于 1 dB。

第 5 章

带通滤波 Marchand 巴伦的设计与仿真

在现代无线通信系统中,平衡-不平衡变压器(简称巴伦),被广泛用于需要传输两个平衡信号的电路设计中,如平衡混频器、平衡倍频器、宽带天线等。其中,Marchand 巴伦是最经典、最常用的巴伦之一[1-3]。此外,研究同时具有滤波性能的巴伦也吸引了设计者们的较大关注。本章在传统 Marchand 巴伦的基础上对其进行改进,并在巴伦前端引入一个低通滤波器,提出了一种新的带通滤波 Marchand 巴伦[18]。本章将详细介绍所提出的带通滤波 Marchand 巴伦的基本原理,讲解基于 TFIPD 技术如何使用 ADS 建立、仿真并优化该滤波巴伦的理想参数仿真模型及其相应的全波电磁仿真模型,对最终加工的带通滤波 Marchand 巴伦芯片进行封装测试,并对测试结果进行分析。

5.1 巴伦概述

5.1.1 理论基础

巴伦(Balun)是一种三端口器件,其本质是一个变压器,其主要功能是在平衡传输线电路与不平衡传输线电路之间完成阻抗转换和匹配。巴伦在无线通信领域中有着十分重要的作用,尤其在宽带天线系统中,巴伦是必不可少的器件。

如图 5.1 所示,对于三端口巴伦,一般是以对称四端口网络来进行理论分析的。将四端口网络中的任一端口短路或开路,即可形成一个三端口网络。

假定端口 1 为巴伦的输入端口,端口 2 和端口 3 为巴伦的两个输出端口,端口 4 短路或开路,则其理想的 S 参数为

第 5 章　带通滤波 Marchand 巴伦的设计与仿真

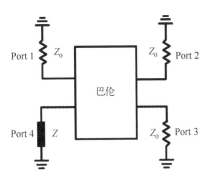

图 5.1　巴伦三端口网络示意图

$$\begin{cases} S_{11} = 0 \\ S_{21} = -S_{31} \end{cases} \tag{5-1}$$

式中，负号表示两个输出信号幅度相等、相位相反。

巴伦的主要性能指标有：插入损耗、回波损耗，以及输出端口之间的幅度差和相位差等。根据图 5.1 所示，其性能指标参数表达如下。

☺ 插入损耗（IL）：

$$\text{IL (dB)} = -20\lg|S_{21}|$$

☺ 回波损耗（RL）：

$$\text{RL (dB)} = -20\lg|S_{11}|$$

5.1.2　传统的 Marchand 巴伦

传统 Marchand 巴伦的电路结构如图 5.2 所示，可以认为它是两对耦合线的级联，在中心频率处电长度为 90°。依据四端口网络的理论，传统的 Marchand 巴伦是四端口网络中的任一端口开路所形成的。

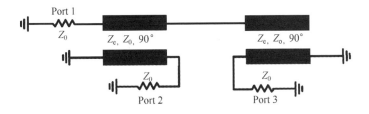

图 5.2　传统 Marchand 巴伦的电路结构

5.2 基于螺旋耦合线的带通滤波 Marchand 巴伦

5.2.1 螺旋耦合线

为了实现移动终端射频电路的超小型化，本章介绍一种特殊形状的耦合线——螺旋耦合线，如图 5.3 所示。图 5.4 展示了螺旋耦合线的集总参数电路模型，其中：L_s 为绕线的自感，L_m 为两绕线间的互感，k_L 为电感耦合系数；C_s 为自电容（即对地电容，用来描述基片上的信号泄露），C_m 为互电容（用来描述两个并联绕线间的电耦合），k_C 为电容耦合系数。需要强调的是，螺旋耦合线仍然属于耦合线，有 3 个关键的参数：偶模阻抗 Z_e、奇模阻抗 Z_o 和电长度 θ，另外有 $k = (Z_e - Z_o) / (Z_e + Z_o)$。近似认为螺旋耦合线的耦合为"平行耦合"，在这种情况下，$k_L = k_C = k$，耦合线的特征阻抗为 $Z_{0CL} = \sqrt{Z_e Z_o} = \sqrt{L_s / (C_s + C_m)}$。螺旋耦合线的耦合系数 k 一般为 0.7~0.8，而 Z_{0CL} 通常大于 Z_0（Z_0 = 50 Ω）。

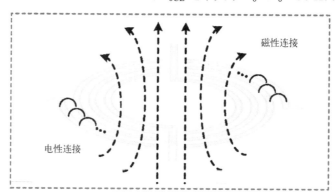

图 5.3 螺旋耦合线示意图

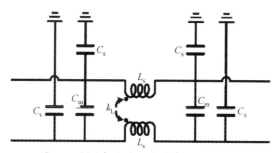

图 5.4 螺旋耦合线的集总参数电路模型

5.2.2 改进的 Marchand 巴伦

将 5.2.1 节提出的螺线耦合线应用于巴伦，可大大减小其电路尺寸。但由于螺旋耦合线的耦合系数较大，且其 Z_e 和 Z_o 不易控制，导致传统 Marchand 巴伦的输入阻抗在某些情况下并不等于 50 Ω，无法在输入端口获得良好的终端匹配。因此，调整螺旋耦合线的参数以满足传统 Marchand 巴伦的不同设计要求是有较大难度的。

本节介绍一种改进方法，通过用 1/8 波长耦合线，用电容端代替传统 Marchand 巴伦的开路端，使巴伦的输入阻抗更加接近 Z_0，提高了其性能，同时也大大增加了巴伦设计的自由度。改进的 Marchand 巴伦的电路结构如图 5.5 所示。

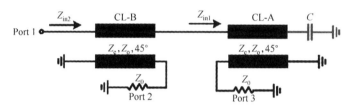

图 5.5　改进的 Marchand 巴伦的电路结构

5.2.3 带通滤波 Marchand 巴伦

本节在改进 Marchand 巴伦的前端加入一个切比雪夫低通滤波器，由于巴伦固有的高通特性，可形成一个带通响应，即滤波器部分与巴伦部分相结合可组成一种新的带通滤波 Marchand 巴伦。为了实现良好的阻抗匹配，滤波器部分必须将巴伦部分的输入阻抗 Z_{in2} 转换为终端阻抗，即等于 Z_0。一般情况下，会出现的问题是：较大的阻抗变换比会使得滤波器的阶数增大，电路也相应地变得复杂。但由于改进的巴伦部分的输入阻抗已经接近 Z_0，阻抗变换是不需要的，并且阶数可以很小，所以能够很好地解决上述问题。

为了使电路尺寸尽可能小，选择三阶滤波器，最终整个带通滤波 Marchand 巴伦的电路结构如图 5.6 所示，其通带由式（5-2）中的等波纹带边缘 ω_1 决定：

$$\begin{cases} L_A(\omega) = 10\lg\left\{1+\varepsilon\cos^2\left[n\cos^{-1}\left(\dfrac{\omega}{\omega_1}\right)\right]\right\}_{\omega \leqslant \omega_1} \\ L_A(\omega) = 10\lg\left\{1+\varepsilon\cosh^2\left[n\cosh^{-1}\left(\dfrac{\omega}{\omega_1}\right)\right]\right\}_{\omega \geqslant \omega_1} \end{cases} \quad (5\text{-}2)$$

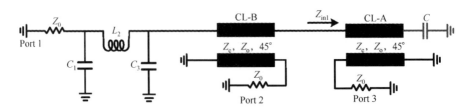

图 5.6 带通滤波 Marchand 巴伦的电路结构

5.3 带通滤波 Marchand 巴伦原理图

ADS 可以实现参数化的模型仿真,下面以中心频率 f_0 为 4 GHz 的带通滤波 Marchand 巴伦为例,介绍在 ADS 中建立并仿真其理想参数电路模型的方法。带通滤波 Marchand 巴伦的巴伦部分耦合线的奇偶模特性阻抗 Z_e 和 Z_o,电长度 θ,三阶切比雪夫低通滤波部分的元件值 C_1、L_2、C_3,端口阻抗 Z_0,都可以在 ADS 电路模型中给出参数化定义。

5.3.1 新建工程和仿真电路模型

1. 新建工程

(1) 双击 ADS 快捷方式图标 ,在弹出的对话框中单击【OK】按钮,启动 ADS。ADS 运行后会自动弹出【Get Started】窗口,单击其右下角的【Close】按钮,进入 ADS 主界面窗口,如图 5.7 所示。

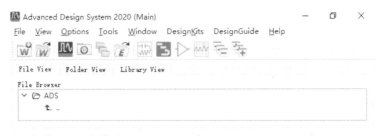

图 5.7 ADS 主界面窗口

(2) 建立一个工作空间,用于存放本次设计仿真的全部文件。执行菜单命令【File】→【New】→【Workspace...】,打开如图 5.8 所示的新建工作空间对话框,在此可以对工作空间名称(Name)和工作路径(Create in)进行相应设置。

此处修改工作空间名称为"Bandpass_Filtering_Marchand_Balun_wrk",而工作路径保留默认设置,单击【Create Workspace】按钮完成工作空间的创建。

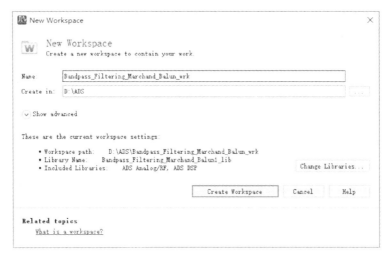

图 5.8　新建工作空间对话框

(3) ADS 主界面窗口中的【Folder View】会显示所建立的工作空间名称和工作路径,如图 5.9 所示。此时,工作空间的名称为"Bandpass_Filtering_Marchand_Balun_wrk",路径为"D:\ADS\Bandpass_Filtering_Marchand_Balun_wrk"。在 D 盘的 ADS 文件夹下可以找到一个名为"Bandpass_Filtering_Marchand_Balun_wrk"的子文件夹。

图 5.9　新建工作空间和路径

2．建立仿真电路模型

(1) 新建电路原理图。执行菜单命令【File】→【New】→【Schematic...】,打开如图 5.10 所示的新建电路原理图对话框,修改单元(Cell)的名称为"circuit structure",单击【Create Schematic】按钮完成电路原理图的创建,如图 5.11 所示。

(2) 添加耦合线。如图 5.12 所示,在左侧元件面板列表的下拉菜单中选择【TLines-Ideal】,这里面包含一些常用的理想分布参数元件模型,如传输线、耦合线等。单击【TLines-Ideal】下的理想耦合线图标 ,在右侧的绘图区添加两对耦合线,按 "Esc" 键退出。至此,耦合线即添加完成,如图 5.13 所示。

图 5.10 新建电路原理图对话框

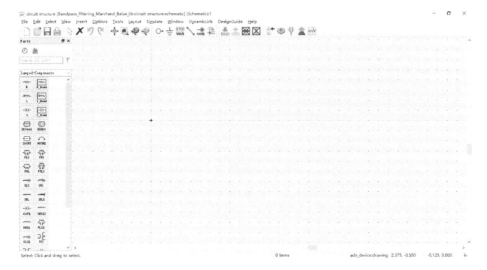

图 5.11 新建电路原理图

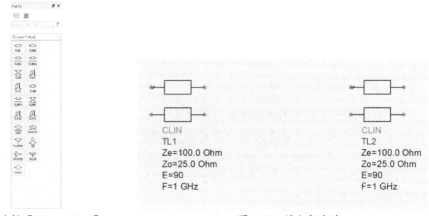

图 5.12 选择【TLines-Ideal】　　　　图 5.13 添加耦合线

第 5 章 带通滤波 Marchand 巴伦的设计与仿真

（3）添加电容。如图 5.14 所示，在左侧元件面板列表的下拉菜单中选择【Lumped-Components】，这里面包含一些常用的理想集总参数元件模型，如电容、电感等。单击【Lumped-Components】下的电容图标，在右侧的绘图区添加 3 个电容，如图 5.15 所示；按"Esc"键退出；用鼠标右键单击需要旋转的电容，在弹出的菜单中选择【Rotate】，将其沿顺时针方向旋转 90°，如图 5.16 所示。至此，电容即添加并旋转完成。

（4）添加电感。单击【Lumped-Components】下的电感图标，单击鼠标左键添加一个电感，按"Esc"键退出。至此，电感即添加完成，如图 5.17 所示。

图 5.14　选择【Lumped-Components】

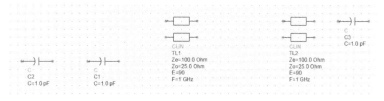

图 5.15　添加电容

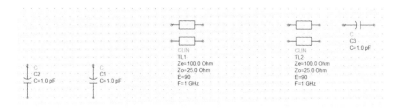

图 5.16　电容旋转完成

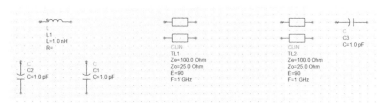

图 5.17　添加电感

（5）添加接地符号。执行菜单命令【Insert】→【GROUND】，放置 5 个接地符号，按"Esc"键退出。至此，接地符号即添加完成，如图 5.18 所示。

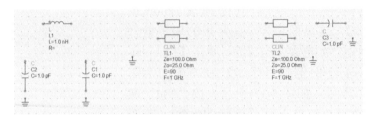

图 5.18　添加接地符号

（6）连接元件。执行菜单命令【Insert】→【Wire】，依据图 5.6 所示的电路结构图连接各个元件，连接完成后如图 5.19 所示。

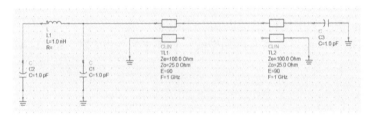

图 5.19　元件连接完成

（7）修改电路模型参数。双击耦合线 TL1，在弹出的参数编辑对话框中，设置其参数值为 Ze（Ohm）、Zo（Ohm）、SitaT（deg）、f0（GHz）（注意检查单位设置是否一致），如图 5.20 所示；单击【OK】按钮保存参数并关闭此对话框。类似地，分别修改 TL2 的参数值为 Ze（Ohm）、Zo（Ohm）、SitaT（deg）、f0（GHz），C1 的参数值为 C1（pF），L1 的参数值为 L2（nH），C2 的参数值为 C3（pF），C3 的参数值为 C（pF），如图 5.21～图 5.25 所示。

图 5.20　TL1 参数设置

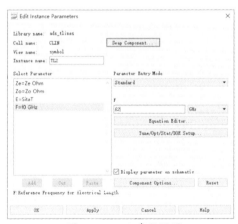

图 5.21　TL2 参数设置

第 5 章 带通滤波 Marchand 巴伦的设计与仿真

图 5.22 C1 参数设置

图 5.23 L1 参数设置

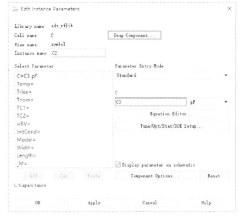

图 5.24 C2 参数设置

图 5.25 C3 参数设置

（8）定义变量的参数值。在工具栏中单击变量控件图标 VAR，在电路原理图空白处单击鼠标左键添加一个变量控件，双击该控件打开变量编辑对话框，其中：【Variable or Equation Entry Mode】栏默认是标准模式（Standard）；在【Name】栏中输入变量的名字 Ze，在【Variable Value】栏中输入变量的值 232.5，单击【Apply】按钮，设置后的对话框如图 5.26 所示。如果单击【OK】按钮，则直接关闭对话框。接下来依次设置其余的各个参数值：Zo = 30.67、C1 = 0.77、L2 = 2.00、C3 = 0.72、C = 0.37、SitaT = 45、f0 = 4，如图 5.27 所示。在设置其余参数时，要单击【Add】按钮进行添加，如果单击【Apply】按钮则直接替换当前左侧参数列表中选中的变量；另外，在设置变量值时不需要添加单位，因为在模型中已经对各个变量的单位进行了定义。

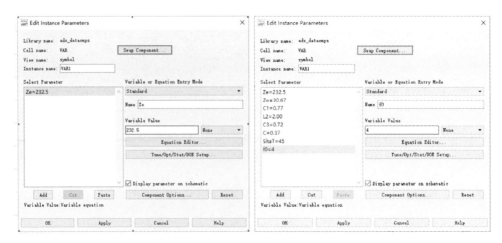

图 5.26　定义变量 Ze　　　　　图 5.27　定义该电路所有的参数值

（9）ADS 的变量控件提供了 3 种添加变量的方法（分别为 Name=Value、Standard 和 File Based），可以在【Variable or Equation Entry Mode】栏中选择最适合的方法。下面介绍第 2 种方法，选择【Name=Value】模式，如图 5.28 所示。在此可以直接输入 Ze = 232.5，单击【Apply】按钮即可。类似地，在设置其余参数时，要单击【Add】按钮进行添加。

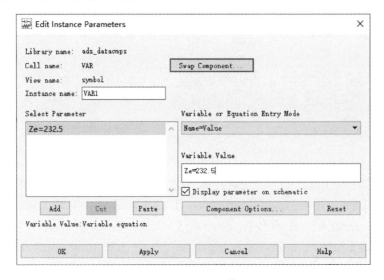

图 5.28　定义变量 Ze 的第 2 种方法

（10）完成参数定义。定义好所有参数后，单击【OK】按钮，最终的理想参数定义的带通滤波 Marchand 巴伦电路模型如图 5.29 所示。读者可以对比电路结构图的参数，详细检查所有参数的设置是否正确。

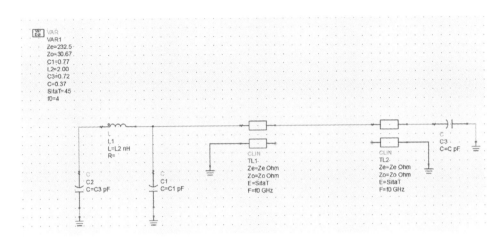

图 5.29 理想参数定义的带通滤波 Marchand 巴伦电路模型

5.3.2 原理图仿真

1. 设置仿真参数

（1）添加 S 参数仿真器、仿真端口和接地符号。如图 5.30 所示，在左侧元件面板列表的下拉菜单中选择【Simulation-S_Param】，单击其中的 S 参数仿真器，在绘图区添加一个 S 参数仿真器，再单击【Term】端口，添加 3 个仿真端口；按"Esc"键退出。执行菜单命令【Insert】→【GROUND】，放置 3 个接地符号（或者直接单击【Simulation-S_Param】下的【TermG】端口，添加 3 个有接地参考面的仿真端口），执行菜单命令【Insert】→【Wire】，连接仿真端口；完成后按"Esc"键退出。

（2）设置 S 参数仿真器频率范围及间隔。双击绘图区的 S 参数仿真器 S-PARAMETERS，按图 5.31 所示完成设置，其仿真起始频率（Start）为 0 GHz，截止频率（Stop）为 10 GHz，间隔（Stepsize）为 0.01 GHz，单击【OK】按钮，得到最终的带通滤波 Marchand 巴伦的理想参数仿真电路模型，如图 5.32 所示。

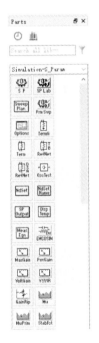

图 5.30 选择【Simulation-S_Param】

图 5.31 仿真频率范围参数设置

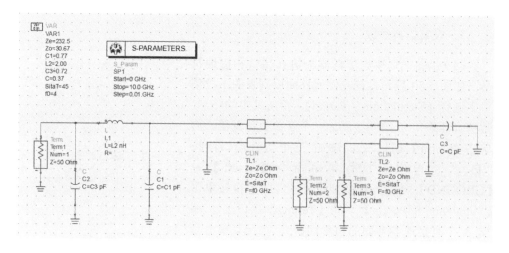

图 5.32 带通滤波 Marchand 巴伦的理想参数仿真电路模型

2. 查看仿真结果

（1）执行菜单命令【Simulate】→【Simulate】进行仿真，仿真结束后，数据显示窗口会被打开，如图 5.33 所示。

（2）单击左侧【Palette】控制板中的图标 ⊞，在空白的图形显示区单击鼠标左键，打开如图 5.34 所示的对话框，设置需绘制的参数曲线。

第 5 章 带通滤波 Marchand 巴伦的设计与仿真

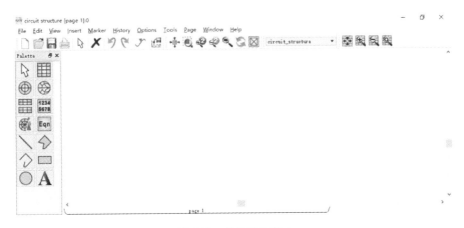

图 5.33 数据显示窗口

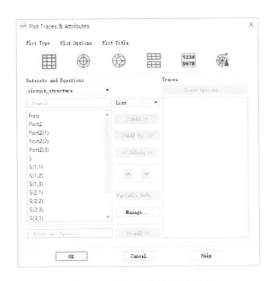

图 5.34 添加仿真结果对话框

（3）长按"Ctrl"键，依次选中 S(1,1)和 S(2,1)，单击【>>Add>>】按钮，在弹出的数据显示方式对话框中选择【dB】选项，如图 5.35 所示。单击【OK】按钮，可以观察到在右侧【Traces】的列表框中增加了 dB(S(1,1))和 dB(S(2,1))，如图 5.36 所示。

（4）单击图 5.36 中左下角的【OK】按钮，图形显示区就会出现 dB(S(1,1))和 dB(S(2,1))的曲线图（纵坐标为 dB 值），如图 5.37 所示。

（5）单击左侧【Palette】控制板中的图标 Eqn，在空白的图形显示区单击鼠标左键，打开写入公式对话框，在【Enter equation here】栏中写入幅度差求解公式，如图 5.38 所示。单击【OK】按钮关闭此对话框。类似地，再写入如图 5.39 所示的相位差求解公式。

197

图 5.35 数据显示方式对话框　　图 5.36 添加 S(1,1)和 S(2,1)曲线图

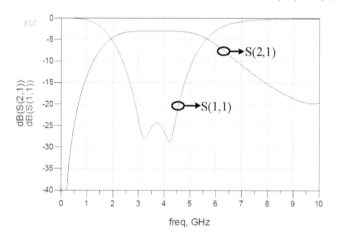

图 5.37　dB(S(1,1))和 dB(S(2,1))曲线图

图 5.38　写入幅度差求解公式

第 5 章 带通滤波 Marchand 巴伦的设计与仿真

图 5.39 写入相位差求解公式

（6）单击左侧【Palette】控制板中的图标 ▦，在空白的图形显示区单击鼠标左键，打开添加仿真结果曲线窗口，设置需绘制的参数曲线。

（7）在【Datasets and Equations】栏中选择【Equations】，选中定义的 DiffMagnitude，单击【>>Add>>】按钮，可以观察到在右侧【Traces】的列表框中增加了 DiffMagnitude，单击【OK】按钮，图形显示区就会出现 DiffMagnitude 的曲线图（纵坐标为 dB 值），如图 5.40 所示。

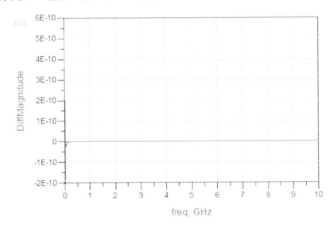

图 5.40 DiffMagnitude 曲线图

（8）类似地，查看 DiffPhase 曲线（纵坐标单位为°），如图 5.41 所示。

3．曲线参数处理

接下来，以 dB(S(1,1)) 和 dB(S(2,1)) 曲线为例，介绍曲线参数处理。类似的方法也可用于处理其他曲线。

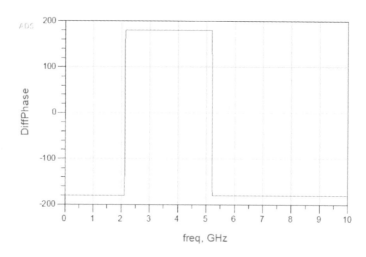

图 5.41 DiffPhase 曲线图

（1）Marker 是曲线标记，通过改变 Marker 的位置，可以读取曲线上任意一点的值。执行菜单命令【Marker】→【New...】，打开如图 5.42 所示的对话框，移动光标至需要添加 Marker 的曲线上，单击鼠标左键放置一个 Marker，如图 5.43 所示。类似地，为曲线 dB(S(2,1))添加 Marker。另外，可用鼠标左键长按 Marker 显示数据框，移动其位置。

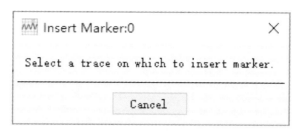

图 5.42 Marker 添加向导

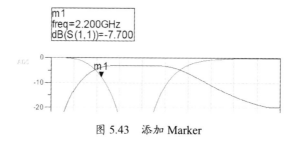

图 5.43 添加 Marker

（2）选中添加的 Marker，可以使用键盘上的左、右方向键来调整横坐标（freq）的位置，或者用鼠标左键单击图 5.44 所示位置，直接修改想要查看的具体频率值。此处查看中心频率 4 GHz 处的 dB(S(1,1))和 dB(S(2,1))的数值,如图 5.45 所示。

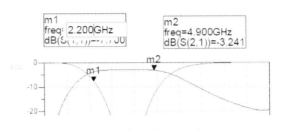

图 5.44 修改横坐标取值

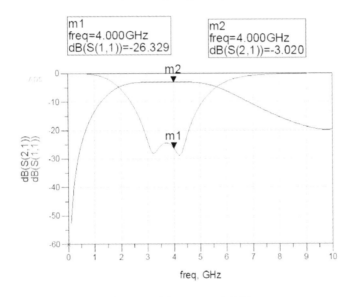

图 5.45 添加 Marker 结果图

（3）下面以修改 Y 轴显示范围及美化曲线为例来介绍数据显示的编辑功能。双击 S 参数结果图,弹出【Plot Traces & Attributes】对话框,选择【Plot Options】选项卡,取消【Auto Scale】的选择（即不采用软件的自动调节范围）,按照图 5.46 所示调整 Y 轴显示范围,得到调整后的 S 参数曲线图,如图 5.47 所示。

（4）此外,还可以修改曲线的类型、颜色和粗细。双击 dB(S(1,1))曲线,打开曲线选项对话框,按照图 5.48 所示进行修改（曲线颜色保持默认）。类似地,修改 dB(S(2,1))曲线选项,如图 5.49 所示。最终得到的 dB(S(1,1))和 dB(S(2,1))曲线图如图 5.50 所示。

图 5.46 调整 Y 轴显示范围

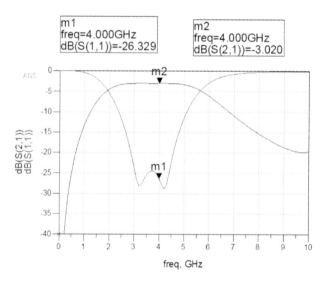

图 5.47 调整 Y 轴后的结果图

（5）类似地，修改 DiffMagnitude 曲线和 DiffPhase 曲线，最终得到的曲线图如图 5.51 和图 5.52 所示。

图 5.48 曲线 dB(S(1,1))选项设置

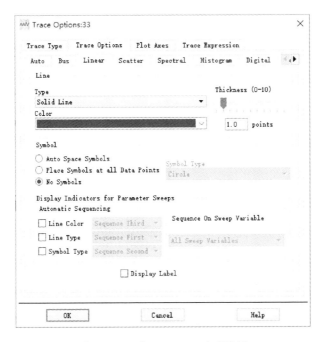

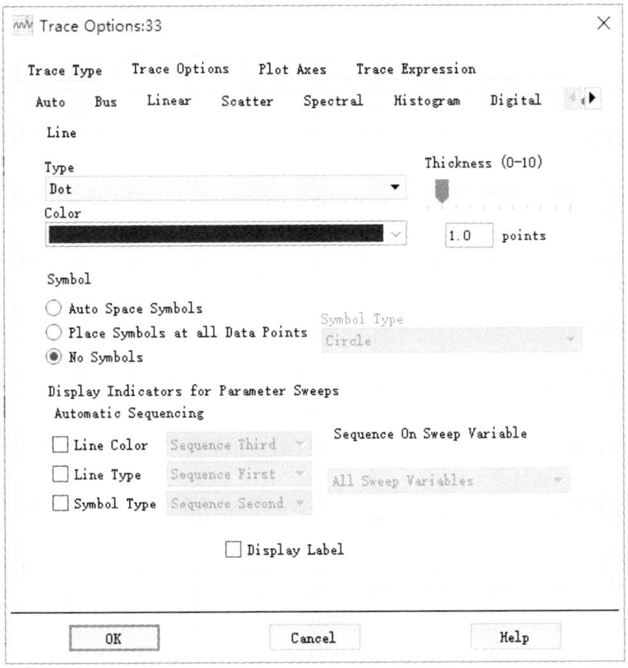

图 5.49 曲线 dB(S(2,1))选项设置

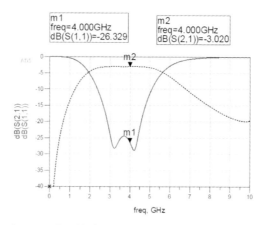

图 5.50 最终得到的 dB(S(1,1)) 和 dB(S(2,1)) 曲线图

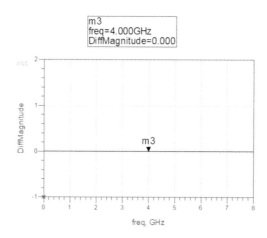

图 5.51 最终得到的 DiffMagnitude 曲线图

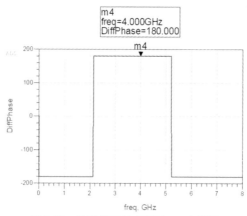

图 5.52 最终得到的 DiffPhase 曲线图

5.4 带通滤波 Marchand 巴伦版图

由于实际电路的性能往往会与理论结果有差距,这就要考虑一些干扰、耦合等因素的影响,因此需要利用 ADS 进行版图仿真,以及原理图与版图联合仿真。

5.4.1 层信息设置

所有电路元件均构建在相对介电常数为 12.85、损耗角正切为 0.006、厚度为 200 μm 的砷化镓(GaAs)衬底上;使用方块电阻约为 25 Ω/sq、厚度为 75 nm 的镍铬合金(NiCr)层来实现薄膜电阻;两层 5 μm 厚的铜层和中间一层 0.2 μm 厚的氮化硅(Si_3N_4)层用来构建金属-绝缘体-金属(MIM)电容;另外,可在两个铜层之间搭建空气桥,用于连接螺旋电感内的电路和外围电路,这将使得版图布局更加灵活。

绘制版图前,须先根据所采用的 TFIPD 工艺在版图中进行层信息设置。

1. 新建版图

返回 "Bandpass_Filtering_Marchand_Balun_wrk" 工作空间主界面,执行菜单命令【File】→【New】→【Layout...】,打开图 5.53 所示的新建版图对话框,将单元(Cell)的名称修改为 "MIM capacitor",单击【Create Layout】按钮,弹出版图精度设置对话框,如图 5.54 所示。在此选择 "Standard ADS Layers, 0.001 micron layout resolution",即精度为 0.001 μm(注意:本章中单位统一为 μm),单击【Finish】按钮,弹出版图绘制窗口,如图 5.55 所示。

图 5.53 新建版图对话框

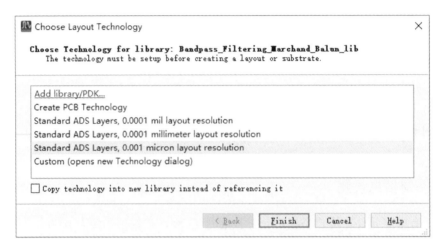

图 5.54 版图精度设置对话框

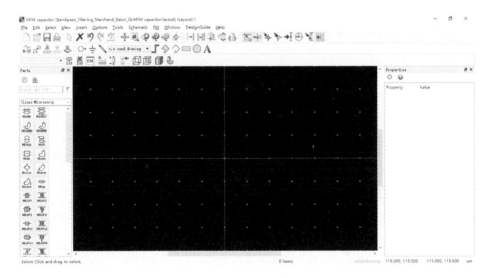

图 5.55 版图绘制窗口

2. 新建板材并添加介质和导体

（1）新建板材。在版图绘制窗口，执行菜单命令【EM】→【Substrate...】，在弹出的信息提示对话框中单击【OK】按钮，弹出如图 5.56 所示的新建衬底对话框，在此可以对名称（File name）和层信息设置模板（Template）进行相应修改。此处文件名称保持默认；因本次 TFIPD 技术采用砷化镓（GaAs）衬底，所以在【Template】栏中选择"100umGaAs"，单击【Create Substrate】按钮，弹出层信息设置窗口，执行菜单命令【View】→【View All】，此时的层信息设置窗口如图 5.57 所示。

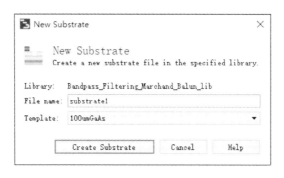

图 5.56 新建衬底对话框

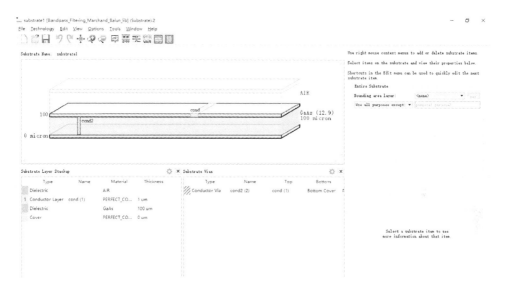

图 5.57 层信息设置窗口

（2）添加导体。在层信息设置窗口，执行菜单命令【Technology】→【Material Definitions...】，打开如图 5.58 所示的材料定义窗口，选择【Conductors】选项卡，按照图 5.59 所示定义相关导体，具体做法为：单击图 5.58 中右下角的【Add From Database...】按钮，若在弹出的从数据库中添加材料窗口（见图 5.60）中存在要添加的导体，则选中此导体，单击【OK】按钮，完成添加；若没有要添加的导体，则单击【Add Conductor】按钮，添加一个导体后，修改其相关信息；此外，对于不需要的导体，可单击图 5.59 右下角的【Remove Conductor】按钮将其移除；全部完成后，单击【Apply】按钮。

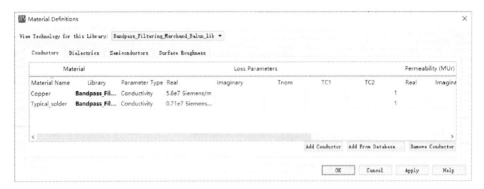

图 5.58 材料定义窗口

图 5.59 导体定义完成

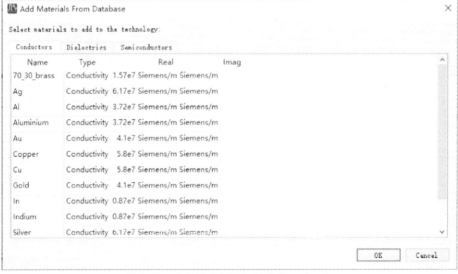

图 5.60 从数据库中添加材料窗口（一）

（3）添加介质。选择【Dielectrics】选项卡，按照图 5.61 所示添加和修改相关介质，具体做法为：单击图 5.61 中右下角的【Add From Database...】按钮，若在弹出的从数据库中添加材料窗口（见图 5.62）中存在要添加的介质，则选中此介质，单击【OK】按钮，完成添加；若没有要添加的介质，则单击【Add Dielectric】按钮，添加一个介质后，修改其相关信息；此外，对于不需要的介质，可单击图 5.61 中右下角的【Remove Dielectric】按钮将其移除；全部完成后，单击【OK】按钮关闭材料定义窗口。

图 5.61　介质定义完成

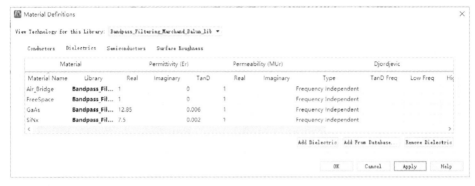

图 5.62　从数据库中添加材料窗口（二）

3．设置层信息

（1）选中 cond 层，单击鼠标右键，在弹出的菜单中选择【Unmap】，即可删除该层导体（或者选中 cond 层，按"Delete"键删除该层导体）；用同样的方法删除 cond2 层。

(2) 设置介质层。选中已存在的介质层，单击鼠标右键，在弹出的菜单中选择【Insert Substrate Layer】，即可插入一个新介质层；选中要修改的介质层，可在窗口右侧的【Substrate Layer】栏中修改其相关信息。

(3) 设置导体层。选中要插入导体层的介质层的表面，单击鼠标右键，在弹出的菜单中选择【Map Conductor Layer】，即可插入一个新导体层；选中要修改的导体层，可在窗口右侧的【Conductor Layer】栏中修改其相关信息。

(4) 设置通孔。选中要插入通孔的介质层，单击鼠标右键，在弹出的菜单中选择【Map Conductor Via】，即可插入一个通孔；选中要修改的通孔，可在窗口右侧的【Conductor Via】栏中修改其相关信息。

(5) 层信息设置如图 5.63 所示。其中：底层为 Cover；GaAs 层的【Thickness】为 200 μm；第 1 层 SiNx 层的【Thickness】为 0.1 μm；bond 层的【Process Role】选择"Conductor"，【Material】选择"Copper"，【Operation】选择"Expand the substrate"，【Position】选择"Above interface"，【Thickness】为 5 μm；第 2 层 SiNx 层的【Thickness】为 0.2 μm；text 层的【Process Role】选择"Conductor"，【Material】选择"Copper"，【Operation】选择"Expand the substrate"，【Position】选择"Above interface"，【Thickness】为 0.5 μm；Air_Bridge 层的【Thickness】为 3 μm；leads 层的【Process Role】选择"Conductor"，【Material】选择"Copper"，【Operation】选择"Intrude the substrate"，【Position】选择"Above interface"，【Thickness】为 5 μm；顶层为开放的 FreeSpace 层；symbol 层的【Process Role】选择"Conductor Via"，【Material】选择"Copper"；packages 层的【Process Role】选择"Conductor Via"，【Material】选择"Copper"。

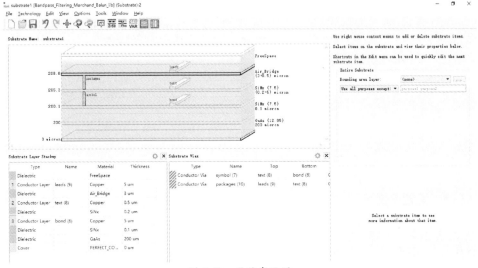

图 5.63　层信息设置

（6）此外，还可通过菜单命令【Technology】→【Layer Definitions...】打开【Layer Definitions】窗口，修改各层显示的颜色、样式等，如图 5.64 所示。此处均保持默认设置。

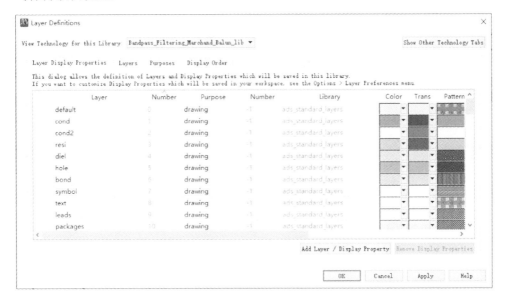

图 5.64　修改图层颜色和样式

5.4.2　MIM 电容版图

为方便绘制版图，先在单元名为"MIM Capacitor"的版图中将图 5.65 中虚线框内的功能键选中；然后执行菜单命令【Options】→【Preferences...】，在打开的【Preferences for Layout】对话框

图 5.65　选中绘制功能键

中选择【Grid/Snap】选项卡，将【Spacing】区域的"Snap Grid Distance (in layout units)"、"Snap Grid Per Minor Display Grid"和"Minor Grid Per Major Display Grid"设置为合适值，此处按图 5.66 所示设置（或者在版图绘制区单击鼠标右键，在弹出的菜单中选择【Grid Spacing...】下的"< 0.1-1-100 >"；或者使用快捷键"Ctrl + Shift + 8"）。

1. MIM 电容版图绘制

bond 和 leads 两层 5 μm 厚的铜层以及中间一层 0.2 μm 厚的 Si_3N_4 层被用来

构建 MIM 电容。MIM 电容的电容值是由其面积和中间介质层的厚度决定的。下面以 0.37 pF 的 MIM 电容为例,详细介绍其绘制步骤。

图 5.66　修改绘制最小精度

（1）MIM 电容叠层。执行菜单命令【Insert】→【Shape】→【Rectangle】,在版图中插入一个矩形,按"Esc"键退出;选中新插入的矩形,在窗口右侧【Properties】下的【All Shapes】→【Layer】栏中选择"bond:drawing",将【Rectangles】→【Width】栏设置为 35.4 μm,【Height】栏设置为 40.4 μm。执行菜单命令【Edit】→【Copy/Paste】→【Copy To Layer...】,在弹出的图层复制窗口中选择"text:drawing"（见图 5.67）,单击【Apply】按钮,在原位置复制一个 text 层;类似地,在原位置再复制 leads 层和 packages 层各一个;全部复制完成后,单击【Cancel】按钮关闭此窗口。

图 5.67　图层复制窗口

（2）层缩进。MIM 电容各层之间存在不同的缩进。选中 leads 层,执行菜单命令【Edit】→【Scale/Oversize】→【Oversize...】，打开缩进对话框。因 leads 层比 bond 层相对缩进 1.5 μm，故在弹出的缩进对话框的【Oversize(+)/Undersize(-)】栏中输入-1.5，如图 5.68 所示；单击【Apply】按钮完成缩进。类似地，使 text 层和 packages 层比 bond 层相对缩进 3 μm。

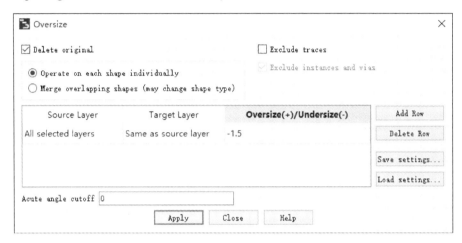

图 5.68 缩进对话框

（3）连接部分绘制。执行菜单命令【Insert】→【Shape】→【Rectangle】，在版图中插入一个矩形，按"Esc"键退出；选中新插入的矩形，在窗口右侧【Properties】下的【All Shapes】→【Layer】栏中选择"bond:drawing"，将【Rectangles】→【Width】栏设置为 30 μm，【Height】栏设置为 15 μm，长按鼠标左键将其移动至 MIM 电容中间位置，且与原本的 bond 层相连接。类似地，在对侧位置插入一个 leads 层矩形，且与原本的 leads 层相连接。至此，完成了一个 MIM 电容版图的绘制，如图 5.69 所示。

图 5.69 最终绘制的 MIM 电容版图

2．MIM 电容版图仿真

（1）插入仿真端口。执行菜单命令【Insert】→【Pin】，单击鼠标左键在

MIM 电容的 I/O 端口添加两个引脚（Pin），如图 5.70 所示。

图 5.70　添加两个引脚（Pin）

（2）修改仿真控制设置。执行菜单命令【EM】→【Simulation Setup...】，弹出新建 EM 设置视图对话框，如图 5.71 所示。单击【Create EM Setup View】按钮，弹出仿真控制窗口，如图 5.72 所示。在此选择 EM 求解器，通常选用第 2 种方法"Momentum Microwave"，该方法运行速度较快，且精度符合应用要求（第 1 种方法"Momentum RF"运行速度最快，但精度最低；第 3 种方法"FEM"即有限元法，其精度最高，但运行速度最慢，主要针对一些复杂的三维结构）。选择【Frequency plan】选项卡，修改仿真频率范围，在【Type】栏中选择"Adaptive"，将【Fstart】栏设置为 0 GHz,【Fstop】栏设置为 10 GHz,【Npts】栏设置为 10。选择【Options】选项卡，单击【Preprocessor】，选择【Heal the layout】区域的"User specified snap distance"选项，将自定义切割距离设置为 2.5 μm；单击【Mesh】，选中"Edge mesh"选项；其他保持默认设置。设置完成后，关闭仿真控制窗口，单击【OK】按钮保存设置的更改。

图 5.71　新建 EM 设置视图对话框

第 5 章 带通滤波 Marchand 巴伦的设计与仿真

图 5.72 仿真控制窗口

（3）版图仿真。执行菜单命令【EM】→【Simulate】进行仿真，在仿真过程中会弹出状态窗口显示仿真的进程，仿真结束后会自动弹出数据显示窗口，参照 5.3.2 节中的方法查看并处理 dB(S(1,1))和 dB(S(2,1))曲线，最终结果如图 5.73 所示。

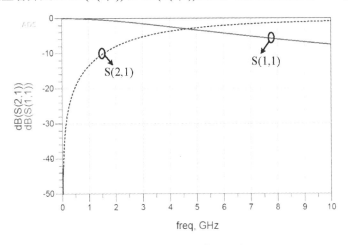

图 5.73 MIM 电容 S 参数曲线图

3. MIM 电容联合仿真

为验证所绘制 MIM 电容的电容值是否为 0.37 pF，须进行电容版图和原理图联合仿真。

（1）创建 MIM 电容模型。在版图绘制窗口，执行菜单命令【EM】→【Component】→【Create EM Model And Symbol...】，在弹出的窗口中单击【OK】按钮；执行菜单命令【Edit】→【Component】→【Update Component Definitions...】，在弹出的窗口中单击【OK】按钮，完成 MIM 电容模型的创建。

（2）新建电路原理图并插入 MIM 电容模型。返回"Bandpass_Filtering_Marchand_Balun_wrk"工作空间主界面，单击工具栏中的【New Schematic Window】图标 ，在新建电路原理图对话框中修改单元（Cell）的名称为"capacitance-cosimulation"，单击【Create Schematic】按钮新建电路原理图。单击电路原理图窗口左侧的【Open the Library Browser】图标 ，在弹出的元件库列表窗口中选中【Workspace Libraries】下的"MIM capacitor"（即刚刚创建的 MIM 电容模型），如图 5.74 所示，单击鼠标右键，在弹出的菜单中选择【Place Component】，在电路原理图中添加一个 MIM 电容模型，按"Esc"键退出。

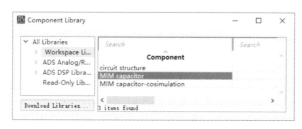

图 5.74　选择 MIM 电容模型

（3）添加理想电容。在左侧元件面板列表的下拉菜单中选择【Lumped-Components】，单击其中的电容图标 ，在右侧的绘图区添加一个电容，按"Esc"键退出。双击该电容，在弹出的参数编辑对话框中修改 C = 0.37 pF（注意检查单位设置是否一致），单击【OK】按钮保存参数修改。

（4）添加 S 参数仿真器、仿真端口和接地符号。在左侧元件面板列表的下拉菜单中选择【Simulation-S_Param】，单击其中的 S 参数仿真器 ，在绘图区添加一个 S 参数仿真器，再单击【Term】端口 ，添加 4 个仿真端口，按"Esc"键退出；执行菜单命令【Insert】→【GROUND】，放置 4 个接地符号（或者直接单击【Simulation-S_Param】下的【TermG】端口 ，添加 4 个有接地参考面的仿真端口），执行菜单命令【Insert】→【Wire】，连接电容和仿真端口，完成后按"Esc"键退出。

（5）设置 S 参数仿真器频率范围及间隔。双击绘图区的 S 参数仿真器 ，设置其仿真起始频率（Start）为 0 GHz，截止频率（Stop）为 10 GHz，间隔（Step-size）为 0.01 GHz，单击【OK】按钮，得到最终的电容联合仿真电路图,如图 5.75 所示。

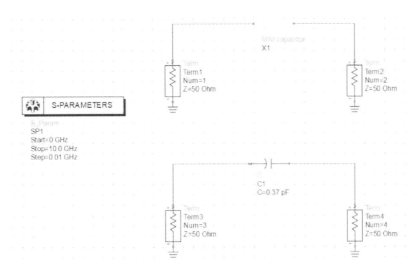

图 5.75 电容联合仿真电路图

(6)联合仿真。执行菜单命令【Simulate】→【Simulate】进行仿真,仿真结束后数据显示窗口会被打开,参照 5.3.2 节中的方法查看并处理 dB(S(1,1))、dB(S(2,1))、dB(S(3,3))和 dB(S(4,3))曲线,最终结果如图 5.76 所示。从图中可以看出,dB(S(1,1))和 dB(S(3,3))两条曲线、dB(S(2,1))和 dB(S(4,3))两条曲线几乎重合,说明所绘制 MIM 电容的电容值约为 0.37 pF。如果曲线相差较大,则应返回修改 MIM 电容版图,重复上述步骤,直至两条曲线的误差在可接受的范围内为止。

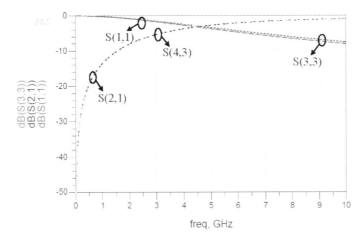

图 5.76 电容联合仿真 S 参数曲线图

5.4.3 螺旋电感版图

1. 螺旋电感版图绘制

螺旋电感的电感值与其内半径、匝数、绕线宽度和绕线间距有关。下面以 2.00 nH 的螺旋电感为例，详细介绍其绘制步骤。

（1）新建版图。在"Bandpass_Filtering_Marchand_Balun_wrk"工作空间主界面，执行菜单命令【File】→【New】→【Layout...】，在新建版图对话框中修改单元（Cell）的名称为"spiral inductor"，单击【Create Layout】按钮，弹出版图绘制窗口。

（2）添加螺旋电感。在左侧元件面板列表的下拉菜单中选择【TLines-Microstrip】（见图 5.77），找到并单击微带圆形螺旋电感图标 , 在弹出的参数编辑对话框中，修改匝数 N = 2.5，内半径 Ri = 95 μm，绕线宽度 W = 15 μm，绕线间距 S = 15 μm，如图 5.78 所示。单击【OK】按钮，在右侧绘图区添加一个螺旋电感，按"Esc"键退出。

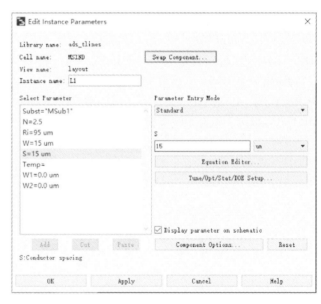

图 5.77 选择【TLines-Microstrip】　　　图 5.78 修改后的参数编辑对话框

（3）螺旋电感层修改。选中新添加的螺旋电感，执行菜单命令【Edit】→【Component】→【Flatten...】，在弹出的对话框中单击【OK】按钮；执行菜单命令【Edit】→【Merge】→【Union】，将其合为一体；在窗口右侧【Properties】下的

【All Shapes】→【Layer】栏中选择"bond:drawing"。

（4）螺旋电感叠层。选中螺旋电感 bond 层，执行菜单命令【Edit】→【Copy/Paste】→【Copy To Layer...】，在弹出的图层复制窗口中选择"text:drawing"，单击【Apply】按钮，在原位置复制一个 text 层。类似地，在原位置再复制 leads 层、symbol 层和 packages 层各一个；全部复制完成后，单击【Cancel】按钮关闭此窗口。

（5）空气桥搭建。为了将螺旋电感与外围电路相连接，采用搭建空气桥的方法。执行菜单命令【Insert】→【Shape】→【Rectangle】，在版图绘制区插入一个矩形；选中新插入的矩形，在窗口右侧【Properties】下的【All Shapes】→【Layer】栏中选择选择"cond:drawing"，将【Rectangles】→【Height】栏设置为 50 μm，【Width】栏中可为任意值，长按鼠标左键将其移动至空气桥搭建位置，如图 5.79 所示；按快捷键"Ctrl + A"将版

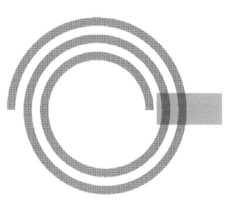

图 5.79　空气桥搭建位置

图全部选中，执行菜单命令【Edit】→【Boolean Logical...】，在弹出的布尔逻辑运算窗口中按照图 5.80 修改 bond 层和 cond 层之间的布尔相减运算，单击【Apply】按钮完成运算；类似地，完成 text 层、symbol 层、packages 层和 cond 层之间的布尔相减运算，只保留顶层 leads 层金属；全部运算完成后，单击【Cancel】按钮关闭此窗口；然后选中 cond 层，按【Delete】键将其删除。空气桥搭建完成后的螺旋电感如图 5.81 所示。

图 5.80　布尔逻辑运算窗口

（6）层缩进。螺旋电感各层之间存在不同的缩进。由于布尔逻辑运算后，同一层已经断开，故须执行菜单命令【View】→【Layer View】→【By Name...】，在弹出的版图图层查看窗口（见图 5.82）中选择"text:drawing"，可以看到在螺

图 5.81 空气桥搭建完成后的螺旋电感

旋电感版图中只显示了 text 层；使用快捷键"Ctrl + A"将显示的 text 层选中，执行菜单命令【Edit】→【Scale/Oversize】→【Oversize...】，打开缩进对话框。因 text 层比 bond 层相对缩进 2 μm，故在弹出的缩进对话框的【Oversize(+)/Undersize(-)】栏中输入-2，单击【Apply】按钮完成缩进。类似地，使 symbol 层和 packages 层均比 bond 层相对缩进 2 μm。

（7）连接部分绘制。执行菜单命令【Insert】→【Shape】→【Rectangle】，在版图中插入一个矩形，按"Esc"键退出；选中新插入的矩形，在窗口右侧【Properties】下的【All Shapes】→【Layer】栏中选择"bond:drawing"，将【Rectangles】→【Height】栏设置为 15 μm，【Width】栏可根据空气桥的具体尺寸进行设置，长按鼠标左键将其移动至空气桥的位置，且与原本的 bond 层相连接。至此，完成了一个螺旋电感版图的绘制，如图 5.83 所示。

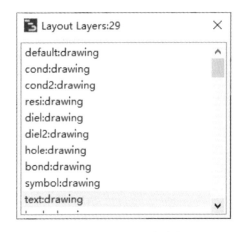

图 5.82 版图图层查看窗口

图 5.83 最终绘制的螺旋电感版图

2. 螺旋电感版图仿真

（1）插入仿真端口。执行菜单命令【Insert】→【Pin】，单击鼠标左键在螺旋电感的 I/O 端口添加两个引脚（Pin），如图 5.84 所示。

（2）修改仿真控制设置。执行菜单命令【EM】→【Simulation Setup...】，在弹出的新建 EM 设置视图对话框中单击【Create EM Setup View】按钮，弹出仿真控制窗口，选择 EM 求解器中的第 2 种方法"Momentum Microwave"。选择【Fr-equency plan】选项卡，修改仿真频率范围，在【Type】栏中选择"Adaptive"，将【Fstart】栏设置为 0 GHz，【Fstop】栏设置为 10 GHz，【Npts】栏设置为 10。选择【Options】选项卡，单击【Preprocessor】，选择【Heal the layout】区域的"User specified snap distance"选项，输入自定义切割距离 2.5 μm；单击【Mesh】，选中"Edge mesh"选项；其他保持默认设置。设置完成后，关闭仿真控制窗口，单击【OK】按钮保存设置的更改。

图 5.84　添加两个引脚（Pin）

（3）版图仿真。执行菜单命令【EM】→【Simulate】进行仿真，在仿真过程中会弹出状态窗口显示仿真的进程，仿真结束后会自动弹出数据显示窗口，参照 5.3.2 节中的方法查看 dB(S(1,1)) 和 dB(S(2,1)) 的数据仿真结果，如图 5.85 所示。

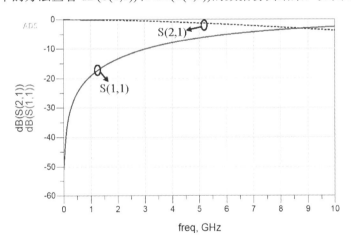

图 5.85　螺旋电感 S 参数曲线图

3. 螺旋电感联合仿真

为验证所绘制螺旋电感的电感值是否为 2.00 nH，须进行电感版图和原理图联合仿真。

（1）创建螺旋电感模型。在版图绘制窗口，执行菜单命令【EM】→【Component】→【Create EM Model And Symbol...】，在弹出的窗口中单击【OK】按钮；执行菜单命令【Edit】→【Component】→【Update Component

Definitions...】,在弹出的窗口中单击【OK】按钮,完成螺旋电感模型的创建。

(2)新建电路原理图并插入螺旋电感模型。返回工作空间主界面,执行菜单命令【File】→【New】→【Schematic...】,在新建电路原理图对话框中修改单元(Cell)的名称为"spiral inductor-cosimulation",单击【Create Schematic】按钮新建电路原理图。单击电路原理图窗口左侧的【Open the Library Browser】图标,在弹出的元件库列表窗口中选中【Workspace Libraries】下的"spiral inductor"(即刚刚创建的螺旋电感模型),单击鼠标右键,在弹出的菜单中选择【Place Component】,在电路原理图中添加一个螺旋电感模型,按"Esc"键退出。

(3)添加理想电感。在左侧元件面板列表的下拉菜单中选择【Lumped-Components】,单击其中的电感图标,在右侧的绘图区添加一个电感,按"Esc"键退出。双击该电感,在弹出的参数编辑对话框中修改 L = 2.00 nH(注意检查单位设置是否一致),单击【OK】按钮保存参数的修改。

(4)添加 S 参数仿真器、仿真端口和接地符号。在左侧元件面板列表的下拉菜单中选择【Simulation-S_Param】,单击其中的 S 参数仿真器,在绘图区添加一个 S 参数仿真器,再单击【Term】端口,添加 4 个仿真端口,按"Esc"键退出,然后执行菜单命令【Insert】→【GROUND】,放置 4 个接地符号(或者直接单击【Simulation-S_Param】下的【TermG】端口,添加 4 个有接地参考面的仿真端口),执行菜单命令【Insert】→【Wire】,连接电感和仿真端口,完成后按"Esc"键退出。

(5)设置 S 参数仿真器频率范围及间隔。双击绘图区的 S 参数仿真器,设置其仿真起始频率(Start)为 0 GHz,截止频率(Stop)为 10 GHz,间隔(Step-size)为 0.01 GHz,单击【OK】按钮,得到最终的电感联合仿真电路图,如图 5.86 所示。

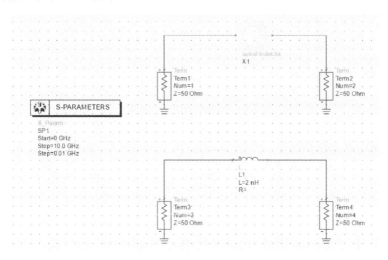

图 5.86 电感联合仿真电路图

（6）联合仿真。执行菜单命令【Simulate】→【Simulate】进行仿真，仿真结束后数据显示窗口会被打开，参照 5.3.2 节中的方法查看 dB(S(1,1))、dB(S(2,1))、dB(S(3,3)) 和 dB(S(4,3)) 的数据仿真结果，最终结果显示如图 5.87 所示。从图中可以看出，曲线 dB(S(1,1)) 和 dB(S(3,3))、dB(S(2,1)) 和 dB(S(4,3)) 几乎重合，说明所绘制螺旋电感的电感值约为 2.00 nH。如果曲线相差较大，则应返回修改螺旋电感版图，重复上述步骤，直至两条曲线的误差在可接受的范围内为止。

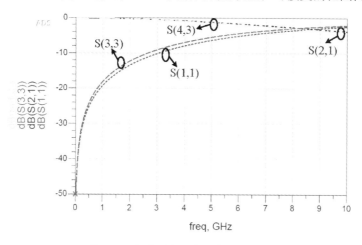

图 5.87 电感联合仿真 S 参数曲线图

5.4.4 螺旋耦合线版图

1. 螺旋耦合线版图绘制

下面以偶模阻抗为 232.5 Ω、奇模阻抗为 30.67 Ω、中心频率 4 GHz 处电长度为 45°的螺旋耦合线为例，详细介绍其绘制步骤。

（1）新建版图。在"Bandpass_Filtering_Marchand_Balun_wrk"工作空间主界面，执行菜单命令【File】→【New】→【Layout...】，在弹出的新建版图对话框中修改单元（Cell）的名称为"spiral coupled line"，单击【Create Layout】按钮，弹出版图绘制窗口。

（2）添加螺旋微带线。在左侧元件面板列表的下拉菜单中选择【TLines-Microstrip】，找到并单击微带圆形螺旋电感图标，在弹出的参数编辑对话框中，修改匝数 N = 2.75，内半径 Ri=125 μm，绕线宽度 W = 15 μm，由于螺旋耦合线为两微带线交叉螺旋，故此处的间距 S = 45 μm，单击【OK】按钮，在右侧绘图区添加两个螺旋微带线，按"Esc"键退出。

（3）螺旋耦合线层修改。长按"Ctrl"键，将新添加的两个螺旋微带线选中，执行菜单命令【Edit】→【Component】→【Flatten...】，在弹出的对话框中单击【OK】按钮；执行菜单命令【Edit】→【Merge】→【Union】，将其合为一体；在窗口右侧【Properties】下的【All Shapes】→【Layer】栏中选择"bond:drawing"。

（4）螺旋微带线旋转及移动。选中其中一个螺旋微带线，单击鼠标右键，在弹出的菜单中选择【Rotate】，将其沿顺时针方向旋转 180°；用鼠标左键长按经过旋转的螺旋微带线，将其移至图 5.88 所示的位置；执行菜单命令【Edit】→【Move】→【Move Relative...】，在弹出的相对移动对话框中修改【Delta X】为-220（单位默认为 μm），如图 5.89 所示；单击【OK】按钮，关闭此对话框。至此，两个螺旋微带线便绕成如图 5.90 所示形状的螺旋耦合线（绕线间距为 15 μm）。

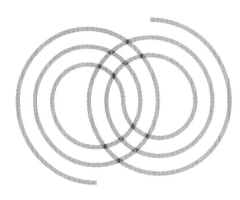

图 5.88 移动前两个微带线的相对位置

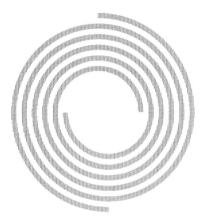

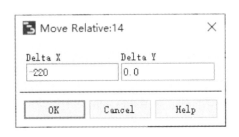

图 5.89 相对移动对话框　　　　图 5.90 移动后两个微带线的相对位置

（5）螺旋耦合线叠层。使用快捷键"Ctrl + A"将螺旋耦合线版图全部选中，执行菜单命令【Edit】→【Copy/Paste】→【Copy To Layer...】，在弹出的图层复制窗口中选择"text:drawing"，单击【Apply】按钮，在原位置复制一个 text 层。类似地，在原位置再复制 leads 层、symbol 层和 packages 层各一个。全部复制完成后，单击【Cancel】按钮关闭此窗口。

（6）空气桥搭建。为了将螺旋耦合线与外围电路相连接，采用搭建空气桥的方法。执行菜单命令【Insert】→【Shape】→【Rectangle】,在版图绘制区插入两个矩形,依次选中新插入的矩形,在窗口右侧【Properties】下的【All Shapes】→【Layer】栏中选择"cond:drawing",将【Rectangles】→【Height】栏设置为 50 μm,【Width】栏中可为任意值,依次长按鼠标左键将其移动至空气桥搭建位置,如图 5.91 所示;按快捷键"Ctrl + A"将版图全部选中,执行菜单命令【Edit】→【Boolean Logical...】,依次完成 bond 层、text 层、symbol 层、packages 层和 cond 层之间的布尔相减运算,只保留顶层 leads 层金属。全部运算完成后,单击【Cancel】按钮关闭此窗口;然后依次选中两个 cond 层,按【Delete】键将其删除。空气桥搭建完成后的螺旋耦合线如图 5.92 所示。

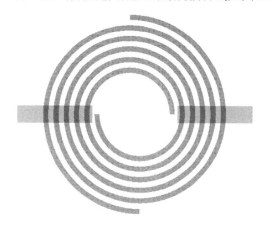
图 5.91 空气桥搭建位置

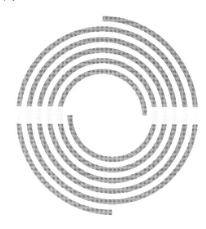
图 5.92 空气桥搭建完成后的螺旋耦合线

(7) 层缩进。螺旋耦合线各层之间存在不同的缩进。由于布尔逻辑运算后,同一层已经断开,故须执行菜单命令【View】→【Layer View】→【By Name...】,在弹出的版图图层查看窗口中选择"text:drawing",可以看到在螺旋耦合线版图中只显示了 text 层;使用快捷键"Ctrl + A"将显示的 text 层选中,执行菜单命令【Edit】→【Scale/Oversize】→【Oversize...】,打开缩进对话框。因 text 层比 bond 层相对缩进 2 μm,故在弹出的缩进对话框的【Oversize(+)/Undersize(-)】栏中输入-2,单击【Apply】按钮完成缩进。类似地,使 symbol 层和 packages 层均比 bond 层相对缩进 2 μm。

(8) 连接部分绘制。执行菜单命令【Insert】→【Shape】→【Rectangle】,在版图中插入两个矩形,依次选中新插入的矩形,在窗口右侧【Properties】下的【All Shapes】→【Layer】栏中选择"bond:drawing",将【Rectangles】→【Height】栏设置为 15 μm,【Width】栏可根据空气桥的具体尺寸进行设置,依次长按鼠标左键将其移动至空气桥的位置,且与原本的 bond 层相连接。至此,完成了一个螺旋耦合线版图的绘制,如图 5.93 所示。

2. 螺旋耦合线版图仿真

(1) 插入仿真端口。执行菜单命令【Insert】→【Pin】，单击鼠标左键在螺旋耦合线的 4 个端口添加引脚 (Pin)，如图 5.94 所示。

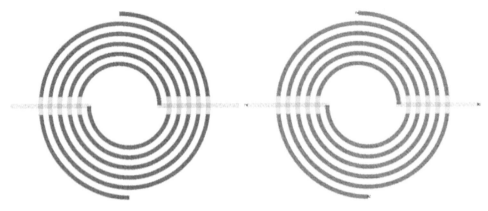

图 5.93　最终绘制的螺旋耦合线版图　　　图 5.94　添加引脚 (Pin)

(2) 修改仿真控制设置。执行菜单命令【EM】→【Simulation Setup...】，在弹出的新建 EM 设置视图对话框中单击【Create EM Setup View】按钮，弹出仿真控制窗口，选择 EM 求解器中的第 2 种方法 "Momentum Microwave"。选择【Frequency plan】选项卡，修改仿真频率范围，在【Type】栏中选择 "Adaptive"，将【Fstart】栏设置为 0 GHz，【Fstop】栏设置为 10 GHz，【Npts】栏设置为 10。选择【Options】选项卡，单击【Preprocessor】，选择【Heal the layout】区域的 "User specified snap distance" 选项，将自定义切割距离设置为 2.5 μm；单击【Mesh】，选中 "Edge mesh" 选项；其他保持默认设置。设置完成后，关闭仿真控制窗口，单击【OK】按钮保存设置的更改。

(3) 版图仿真。执行菜单命令【EM】→【Simulate】进行仿真，仿真过程中会弹出状态窗口显示仿真的进程，仿真结束后会自动弹出数据显示窗口，参照 5.3.2 节中的方法查看并处理 dB(S(1,1)) 和 dB(S(2,1)) 曲线，最终结果如图 5.95 所示。

3. 螺旋耦合线联合仿真

为验证所绘制螺旋耦合线是否符合偶模阻抗为 232.5 Ω、奇模阻抗为 30.67 Ω、中心频率 4 GHz 处电长度为 45°，须进行螺旋耦合线版图和原理图联合仿真。

(1) 创建螺旋耦合线模型。在版图绘制窗口，执行菜单命令【EM】→【Component】→【Create EM Model And Symbol...】，在弹出的窗口中单击【OK】

按钮;执行菜单命令【Edit】→【Component】→【Update Component Definitions...】,在弹出的窗口中单击【OK】按钮,完成螺旋耦合线模型的创建。

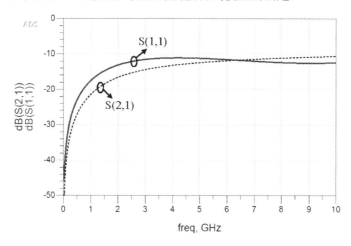

图 5.95　螺旋耦合线 S 参数曲线图

(2)新建电路原理图并插入螺旋耦合线模型。返回"Bandpass_Filtering_Marchand_Balun_wrk"工作空间主界面,执行菜单命令【File】→【New】→【Schematic...】,在新建电路原理图对话框中修改单元(Cell)的名称为"spiral coupled line-cosimulation",单击【Create Schematic】按钮新建电路原理图。单击电路原理图窗口左侧的【Open the Library Browser】图标,在弹出的元件库列表窗口中选择【Workspace Libraries】下的"spiral coupled line"(即刚刚创建的螺旋耦合线模型),单击鼠标右键,在弹出的菜单中选择【Place Component】,在电路原理图中添加一个螺旋耦合线模型,按"Esc"键退出。

(3)添加理想耦合线。在左侧元件面板列表的下拉菜单中选择【TLines-Ideal】,单击其中的理想耦合线,在右侧的绘图区添加一个耦合线,按"Esc"键退出。双击该耦合线,在弹出的参数编辑对话框中修改 Ze = 232.5 Ohm,Zo = 30.67 Ohm,E = 45 deg,F = 4 GHz(注意检查单位设置是否一致),单击【OK】按钮保存参数的修改。

(4)添加 S 参数仿真器、仿真端口和接地符号。本例中耦合线有四个端口,在联合仿真电路中连接其中的两个端口即可。先在左侧元件面板列表的下拉菜单中选择【Simulation-S_Param】,单击其中的 S 参数仿真器,在绘图区添加一个 S 参数仿真器,再单击【Term】端口,添加 4 个仿真端口,按"Esc"键退出;执行菜单命令【Insert】→【GROUND】,放置 4 个接地符号(或者直接单击【Simulation-S_Param】下的【TermG】端口,添加 4 个有接地参考面的仿真端口);执行菜单命令【Insert】→【Wire】,连接电感和仿真端口,完成后按"Esc"键退出。

（5）设置 S 参数仿真器频率范围及间隔。双击绘图区的 S 参数仿真器，设置其仿真起始频率（Start）为 0 GHz，截止频率（Stop）为 10 GHz，间隔（Step-size）为 0.01 GHz，单击【OK】按钮，得到最终的耦合线联合仿真电路图，如图 5.96 所示。

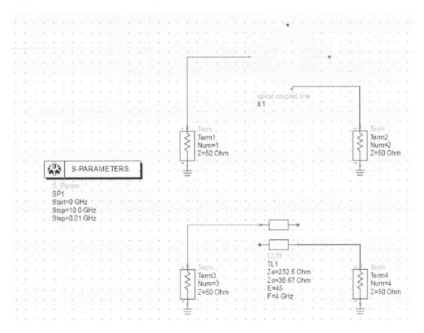

图 5.96 耦合线联合仿真电路图

（6）联合仿真。执行菜单命令【Simulate】→【Simulate】进行仿真，仿真结束后数据显示窗口会被打开，参照 5.3.2 节中的方法查看并处理 dB(S(1,1))、dB(S(2,1))、dB(S(3,3)) 和 dB(S(4,3)) 曲线，最终结果如图 5.97 所示。从图中可以看出，dB(S(1,1)) 和 dB(S(3,3)) 两条曲线、dB(S(2,1)) 和 dB(S(4,3)) 两条曲线几乎重合，说明所绘制的螺旋耦合线基本符合偶模阻抗 232.5 Ω、奇模阻抗 30.67 Ω、中心频率 4 GHz 处电长度 45°。如果曲线相差较大，则应返回修改螺旋耦合线版图，重复上述步骤，直至两条曲线的误差在可接受的范围内为止。

5.4.5 带通滤波 Marchand 巴伦版图设计

（1）绘制 MIM 电容。参照 5.4.2 节中的内容，绘制出电容值为 0.77 pF 和 0.72 pF 的 MIM 电容。

第 5 章 带通滤波 Marchand 巴伦的设计与仿真

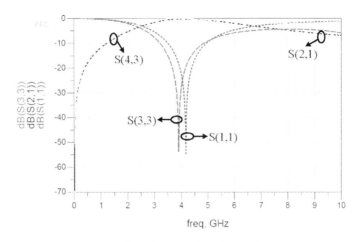

图 5.97 耦合线联合仿真 S 参数曲线图

（2）新建版图并复制相应元件版图。在"Bandpass_Filtering_Marchand_Balun_wrk"工作空间主界面，单击工具栏中的【New Layout Window】图标，在弹出的新建版图对话框中修改单元（Cell）的名称为"bandpass filtering marchand balun"，单击【Create Layout】按钮，弹出版图绘制窗口。依次按快捷键"Ctrl + C"和"Ctrl + V"将所有绘制的元件版图复制到此版图绘制窗口中，由图 5.32 所示的仿真电路模型可知，螺旋耦合线有两对，故须将螺旋耦合线复制两次。

（3）绘制焊盘。为方便进行后期的封装和测试，需在 I/O 端口和接地处加入焊盘，其具体绘制步骤为：执行菜单命令【Insert】→【Shape】→【Rectangle】，在版图中插入一个矩形，按"Esc"键退出；选中新插入的矩形，在窗口右侧【Properties】下的【All Shapes】→【Layer】栏中选择"bond:drawing"，【Rectangles】→【Width】栏和【Height】栏可根据实际情况进行设置。执行菜单命令【Edit】→【Copy/Paste】→【Copy To Layer...】，在弹出的图层复制窗口中选择"text:drawing"，单击【Apply】按钮，在原位置复制一个 text 层；类似地，在原位置再复制 leads 层、symbol 层和 packages 层各一个；全部复制完成后，单击【Cancel】按钮关闭此窗口。然后进行层缩进，将微带线或焊盘版图的 text 层选中，执行菜单命令【Edit】→【Scale/Oversize】→【Oversize...】，打开缩进对话框；因 text 层比 bond 层相对缩进 2 μm，故在弹出的缩进对话框的【Oversize(+)/Undersize(-)】中输入-2，单击【Apply】按钮完成缩进；类似地，使 symbol 层和 packages 层均比 bond 层相对缩进 2 μm。

（4）引入补偿线。注意：由于螺旋耦合线本质上并不是理想的耦合线，其奇偶数相速度不相等会导致巴伦幅度和相位的偏差变得更大，因此引入了一条位于端口 3 和螺旋耦合线之间的补偿线以优化幅度和相位差。此补偿线的绘制方法和螺旋电感类似，其具体参数为：匝数 N = 1.5，内半径 Ri = 50 μm，绕线宽度 W = 15 μm，绕线间距 S = 15 μm，具体操作可参照 5.4.3 节中的内容，此处不再赘述。

（5）版图布局和元件连接。综合考虑电路尺寸和版图美观等各方面因素，对版图进行整体布局，并依照图 5.32 所示的仿真电路模型用微带线进行元件的连接[微带线的绘制方法和焊盘相同，具体操作可参照步骤（3）中的内容，此处不再赘述]。经过不断的版图参数优化，得到最终的版图，如图 5.98 所示（单位：μm）。

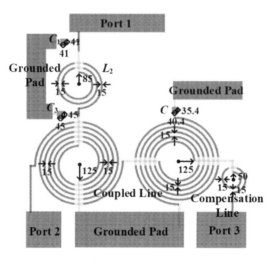

图 5.98 最终的版图

5.4.6 版图仿真

1. 带通滤波 Marchand 巴伦版图仿真

（1）插入仿真端口。执行菜单命令【Insert】→【Pin】，单击鼠标左键分别在 I/O 焊盘和接地焊盘上添加引脚（Pin），如图 5.99 所示；长按"Ctrl"键，依次选中所有的引脚（Pin），在窗口右侧【Properties】下的【All Shapes】→【Layer】栏中选择"leads:drawing"。

（2）修改仿真控制设置。执行菜单命令【EM】→【Simulation Setup...】，在弹出的新建 EM 设置视图对话框中单击【Create EM Setup View】按钮，弹出仿真控制窗口，选择 EM 求解器中的第 2 种方法"Momentum Microwave"。选择【Frequency plan】选项卡，修改仿真频率范围，在【Type】栏中选择"Adaptive"，将【Fstart】栏设置为 0 GHz，【Fstop】栏设置为 10 GHz，【Npts】栏设置为 10。选择【Options】选项卡，单击【Preprocessor】，选择【Heal the layout】区域的"User specified snap distance"选项,将自定义切割距离设置为 2.5 μm;单击【Mesh】,选中"Edge mesh"选项;其他保持默认设置。设置完成后,关闭仿真控制窗口,单击【OK】按钮保存设置的更改。

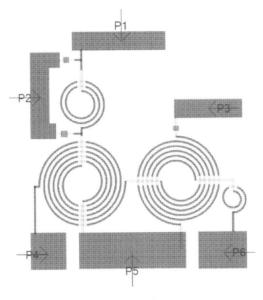

图 5.99 添加引脚(Pin)

(3)版图仿真。执行菜单命令【EM】→【Simulate】进行仿真,在仿真过程中会弹出状态窗口显示仿真的进程,整个仿真过程一般比较漫长。由于此版图没有接地,所以不能以其仿真数据结果来评估此带通滤波 Marchand 巴伦的性能,待仿真结束后,直接关闭自动弹出的数据显示窗口。

2. 带通滤波 Marchand 巴伦联合仿真

为评估所绘制带通滤波 Marchand 巴伦的性能,进行带通滤波 Marchand 巴伦联合仿真。

(1)创建带通滤波 Marchand 巴伦模型。在版图绘制窗口,执行菜单命令【EM】→【Component】→【Create EM Model And Symbol...】,在弹出的窗口中单击【OK】按钮;执行菜单命令【Edit】→【Component】→【Update Component Definitions...】,在弹出的窗口中单击【OK】按钮,完成带通滤波 Marchand 巴伦模型的创建。

(2)新建电路原理图并插入带通滤波 Marchand 巴伦模型。返回"Bandpass_Filtering_Marchand_Balun_wrk"工作空间主界面,单击工具栏中的【New Schematic Window】图标,在新建电路原理图对话框中修改单元(Cell)的名称为

"bandpass filtering marchand balun-cosimulation",单击【Create Schematic】按钮新建电路原理图。单击电路原理图窗口左侧的【Open the Library Browser】图标,在弹出的元件库列表窗口中选择【Workspace Libraries】下的"bandpass filtering marchand balun"(即刚刚创建的带通滤波 Marchand 巴伦模型),单击鼠标右键,在弹出的菜单中选择【Place Component】,在电路原理图中添加一个带通滤波 Marchand 巴伦模型,按"Esc"键退出。

(3)添加 S 参数仿真器、仿真端口和接地符号。在左侧元件面板列表的下拉菜单中选择【Simulation-S_Param】,单击其中的 S 参数仿真器,在绘图区添加一个 S 参数仿真器,再单击【Term】端口,添加 3 个仿真端口,按"Esc"键退出;执行菜单命令【Insert】→【GROUND】,放置 6 个接地符号(或者直接单击【Simulation-S_Param】下的【TermG】端口,添加 3 个有接地参考面的仿真端口,再执行菜单命令【Insert】→【GROUND】,放置 3 个接地符号);执行菜单命令【Insert】→【Wire】,依据图 5.32 所示的仿真电路模型连接所有元件,完成后按"Esc"键退出。

(4)设置 S 参数仿真器频率范围及间隔。双击绘图区的 S 参数仿真器,设置其仿真起始频率(Start)为 0 GHz,截止频率(Stop)为 8 GHz,间隔(Step-size)为 0.01 GHz,单击【OK】按钮,得到最终的带通滤波 Marchand 巴伦联合仿真电路图,如图 5.100 所示。

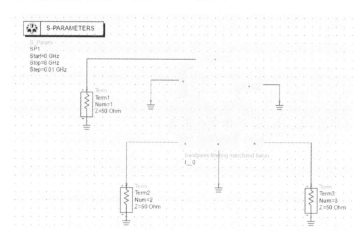

图 5.100 带通滤波 Marchand 巴伦联合仿真电路图

(5)联合仿真。执行菜单命令【Simulate】→【Simulate】进行仿真,仿真结束后数据显示窗口会被打开,参照 5.3.2 节中的方法查看并处理 dB(S(1,1))和 dB(S(2,1))曲线、幅度差 DiffMagnitude 曲线和相位差 DiffPhase 曲线,最终结果如图 5.101~图 5.103 所示。

第 5 章　带通滤波 Marchand 巴伦的设计与仿真

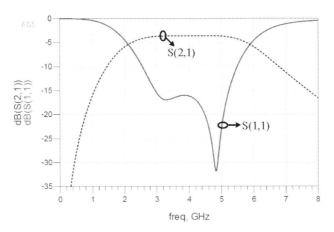

图 5.101　联合仿真 dB(S(1,1))和 dB(S(2,1))曲线图

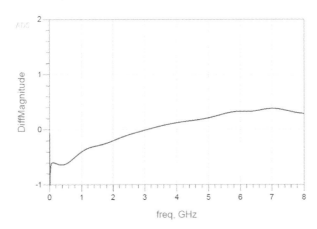

图 5.102　联合仿真 DiffMagnitude 曲线图

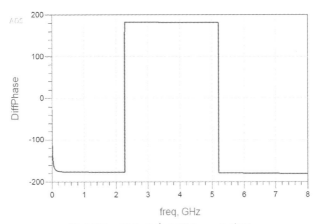

图 5.103　联合仿真 DiffPhase 曲线图

233

5.5 封装和测试

5.5.1 芯片封装

经过加工，可得到最终的带通滤波 Marchand 巴伦芯片。本章中的带通滤波 Marchand 巴伦芯片的封装采用引线键合技术。引线采用金线，当电流通过金线时，周围空间的磁场被激发，因此可以将金线看做电感，一根 400 μm 长、1.5 mil 宽的金线可等效为 0.6 nH 的电感，同时用多根并联的金线连接端口可以得到更小的等效电感（0.1 nH），接地共面波导的特性阻抗为 50 Ω。

1. 封装影响评估

由于在带通滤波 Marchand 巴伦的设计过程中未考虑封装的影响，所以在此评估 0.1 nH 理想电感和 50 Ω 理想接地共面波导对带通滤波 Marchand 巴伦性能的影响。

（1）新建电路原理图并插入带通滤波 Marchand 巴伦模型。返回 "Bandpass_Filtering_Marchand_Balun_wrk" 工作空间主界面，单击工具栏中的【New Schematic Window】图标，在新建电路原理图对话框中修改单元（Cell）的名称为 "bandpass filtering marchand balun-packaged"，单击【Create Schematic】按钮新建电路原理图。单击电路原理图窗口左侧的【Open the Library Browser】图标，在弹出的元件库列表窗口中选择【Workspace Libraries】下的 "bandpass filtering marchand balun"，单击鼠标右键，在弹出的菜单中选择【Place Component】，在电路原理图中添加一个带通滤波 Marchand 巴伦模型，按 "Esc" 键退出。

（2）添加金属引线等效电感。在左侧元件面板列表的下拉菜单中选择【Lumped-Components】，单击其中的电感图标，在右侧的绘图区添加一个电感，按 "Esc" 键退出。双击该电感，在弹出的参数编辑对话框中修改 L = 0.1 nH（注意检查单位设置是否一致），单击【OK】按钮保存参数修改；用同样的方法再添加 5 个 0.1 nH 的电感（也可以选中第一个电感，依次按快捷键 "Ctrl + C" 和 "Ctrl + V" 进行复制和粘贴）。

（3）添加接地共面波导和基板参数。如图 5.104 所示，在左侧元件面板列表的下拉菜单中选择【TLines-Waveguide】，单击其中的接地共面波导图标，在右侧的绘图区添加一个接地共面波导，按 "Esc" 键退出。双击该接地共面波导，在弹

第 5 章 带通滤波 Marchand 巴伦的设计与仿真

出的参数编辑对话框中修改 W = 1000 μm、G = 500 μm、L = 9000 μm（注意检查单位设置是否一致），如图 5.105 所示；单击【OK】按钮保存参数的修改。用同样的方法再插入两个共面波导（也可选中第一个共面波导，依次按快捷键"Ctrl + C"和"Ctrl + V"进行复制和粘贴）；单击【TLines-Waveguide】下的共面波导基板参数图标，在右侧的绘图区添加一个共面波导基板参数控件，双击绘图区内的 CPWSub，按图 5.106 所示设置共面波导基板参数，然后单击【OK】按钮保存。

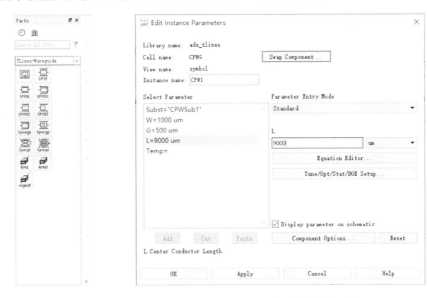

图 5.104　选择【TLines-Waveguide】　　　　图 5.105　共面波导参数设置

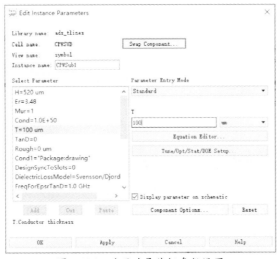

图 5.106　共面波导基板参数设置

（4）添加 S 参数仿真器、仿真端口和接地符号。在左侧元件面板列表的下拉菜单中选择【Simulation-S_Param】，单击其中的 S 参数仿真器，在绘图区添加一个 S 参数仿真器；单击【Term】端口，添加 3 个仿真端口，按"Esc"键退出；执行菜单命令【Insert】→【GROUND】，放置 6 个接地符号（或者直接单击【Simulation-S_Param】下的【TermG】端口，添加 3 个有接地参考面的仿真端口，再执行菜单命令【Insert】→【GROUND】，放置 3 个接地符号）；执行菜单命令【Insert】→【Wire】，依据图 5.32 所示的仿真电路模型连接所有元件，完成后按"Esc"键退出。

（5）设置 S 参数仿真器频率范围及间隔。双击绘图区的 S 参数仿真器，设置其仿真起始频率（Start）为 0 GHz，截止频率（Stop）为 8 GHz，间隔（Step-size）为 0.01 GHz，单击【OK】按钮，得到加入封装影响的带通滤波 Marchand 巴伦联合仿真电路图，如图 5.107 所示。

（6）联合仿真。执行菜单命令【Simulate】→【Simulate】进行仿真，仿真结束后数据显示窗口会被打开，参照 5.3.2 节中的方法查看并处理 dB(S(1,1)) 和 dB(S(2,1)) 曲线、幅度差 DiffMagnitude 曲线和相位差 DiffPhase 曲线，最终结果如图 5.108～图 5.110 所示。

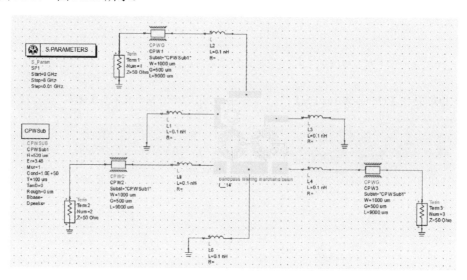

图 5.107　加入封装影响的带通滤波 Marchand 巴伦联合仿真电路图

（7）结果分析。对比图 5.101 和图 5.108、图 5.102 和图 5.109、图 5.103 和图 5.110，可以发现，芯片封装后，金线和接地共面波导对带通滤波 Marchand 巴伦的性能不会造成不可接受的影响。

第 5 章 带通滤波 Marchand 巴伦的设计与仿真

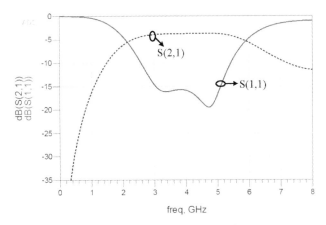

图 5.108 加入封装影响的带通滤波 Marchand 巴伦联合仿真 dB(S(1,1))和 dB(S(2,1)曲线图

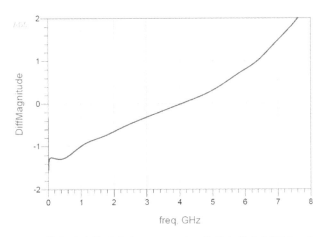

图 5.109 加入封装影响的带通滤波 Marchand 巴伦联合仿真 DiffMagnitude 曲线图

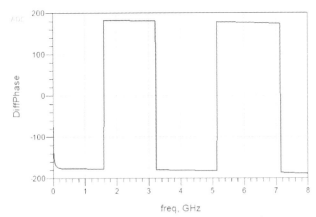

图 5.110 加入封装影响的带通滤波 Marchand 巴伦联合仿真 DiffPhase 曲线图

2. 封装芯片

通过金线将接地焊盘连接到 PCB 的地线上，I/O 端口连接到接地共面波导，接地共面波导向外扩展带通滤波 Marchand 巴伦芯片的 I/O 端口，使在 PCB 的边缘可以焊接上 SMA 连接器以便进行测试，封装后的带通滤波 Marchand 巴伦如图 5.111 所示。

图 5.111　封装后的带通滤波 Marchand 巴伦

5.5.2　芯片测试

1. 测试结果

使用 ROHDE&SCHWARZ ZVA8 矢量网络分析仪对带通滤波 Marchand 巴伦芯片进行参数测试，S 参数、幅度差 DiffMagnitude 和相位差 DiffPhase 的仿真测试结果如图 5.112～图 5.114 所示。

2. 结果分析

从图 5.112～图 5.114 中可以发现，测试结果与 ADS 仿真结果基本吻合，其偏差是由机械误差和工业材料的介电常数不准确等原因造成的。由测试结果可知,不平衡端口带内回波损耗大于 10 dB 的通带是 2.39~5.68 GHz,带内最大幅度差和相位差分别是 0.35 dB 和 5.26°。此外,带外性能也比较优异。然而,寄生参数(特别是寄生电容)的影响在高频段更为明显,以至于信号泄露较为严重。

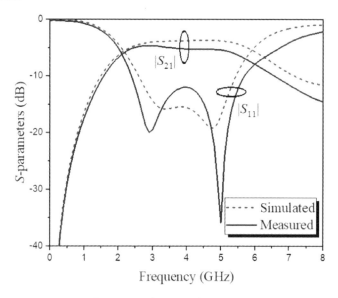

图 5.112 S 参数的仿真测试结果

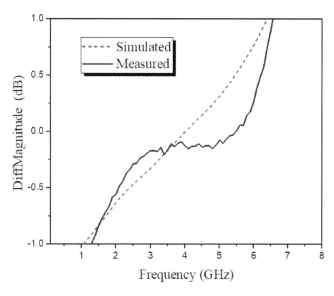

图 5.113 幅度差 DiffMagnitude 的仿真测试结果

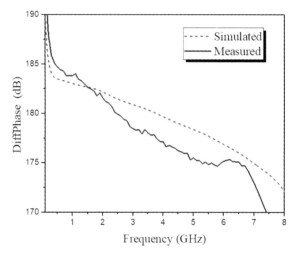

图 5.114 相位差 DiffPhase 的仿真测试结果

5.5.3 数据处理

本书中所有的数据绘图均采用 Origin 软件完成[8-9]。本节以处理本章中带通滤波 Marchand 巴伦芯片的 S 参数、幅度差和相位差为例,介绍如何利用 Origin 软件进行数据处理的详细过程。

1. 创建项目并生成初步曲线图

(1)双击 Origin 快捷方式图标,启动 Origin 软件,进入 Origin 主界面窗口,如图 5.115 所示。

图 5.115 Origin 主界面窗口

第5章 带通滤波 Marchand 巴伦的设计与仿真

（2）选中待处理的数据，将其粘贴至自动创建的 Book1 表格内。

前 4 行（Long Name、Units、Comments 和 F(x)=）不允许粘贴数据。

在【Long Name】行中输入每列对应的名字，在【Units】行中输入每列对应的单位。此处由于加入封装影响的联合仿真数据和测试数据的两个频率列不同，所以需设置两个 X 列，具体方法为：选中测试频率列（即 F 列），执行菜单命令【Column】→【Set As】→【X】（或者选中测试频率列，即 F 列，单击鼠标右键，在弹出的菜单中选择【Set As】→【X】）。最终的待处理数据如图 5.116 所示。

图 5.116 待处理数据

（3）为方便表格数据窗口与接下来所绘制曲线图窗口之间的切换，执行菜单命令【View】→【Project Explorer】（或者单击左侧的【Project Explorer】，单击【Auto Hide】图标），调出项目管理器。

（4）长按"Ctrl"键，选中 A、B、C、F、G、H 六列，进行 S 参数曲线图的绘制。执行菜单命令【Plot】，可以看到 Origin 内置的多种二维绘图模板，如图 5.117 所示。本次绘制 S 参数曲线图采取点线图，执行菜单命令【Plot】→【Basic 2D】→【Line+ Symbol】（或者单击菜单栏中的【Line+ Symbol】图标），弹出 S 参数曲线图，如图 5.118 所示（默认名称为 Graph1）。

图 5.117 Origin 内置的二维绘图模板

（5）在项目管理器的工程管理区双击 Book1，回到表格数据窗口，长按"Ctrl"键，选中 A、D、F、I 四列，参照步骤（4）进行幅度差 DiffMagnitude 曲线图的绘制，默认名称为 Graph2，如图 5.119 所示；类似地，再次回到表格数据窗口，长按"Ctrl"键，选中 A、E、F、J 四列，参照步骤（4）进行相位差 DiffPhase 曲线图的绘制，默认名称为 Graph3，如图 5.120 所示。

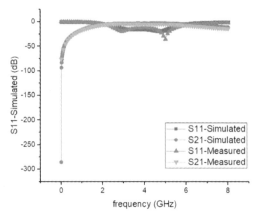

图 5.118　S 参数曲线图

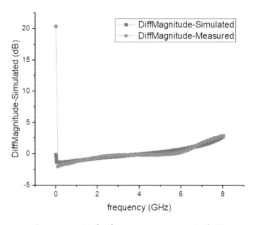

图 5.119　幅度差 DiffMagnitude 曲线图

2．美化曲线

（1）在项目管理器的工程管理区双击 Graph1，打开生成的 S 参数曲线图。双击图中曲线，弹出绘图细节对话框，如图 5.121 所示。在此先选中左侧"Layer1"下的第一条曲线，选择【Group】选项卡，选择【Edit Mode】区域的"Independent"选项（即独立模式）；选择【Line】选项卡，在【Style】栏中选择"Short Dash"，将线宽【Width】栏设置为 2.5，在【Color】栏中选择"Red"，如图 5.122 所示；选择【Symbol】选项卡，在【Symbol Color】栏中选择"None"，即不显示符号，如图 5.123 所示；之后依次选中左侧"Layer1"下的其他三条曲线进行类似设置，全部完成后，单击【OK】按钮保存修改，得到美化后的 S 参数曲线图，如图 5.124 所示。

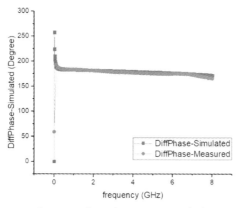

图 5.120　相位差 DiffPhase 曲线图

图 5.121　绘图细节对话框（【Group】选项卡）

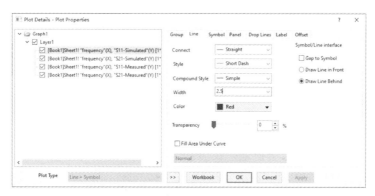

图 5.122　绘图细节对话框（【Line】选项卡）

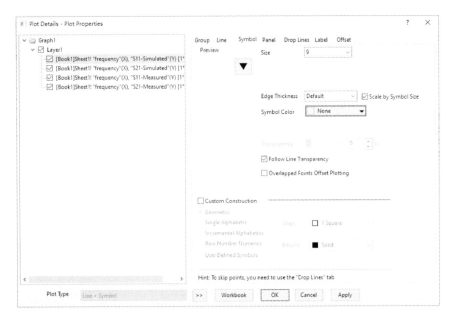

图 5.123 绘图细节对话框(【Symbol】选项卡)

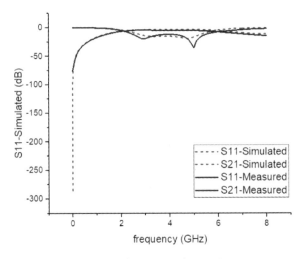

图 5.124 美化后的 S 参数曲线图

(2)在项目管理器的工程管理区双击 Graph2,打开生成的幅度差 DiffMagnitude 曲线图,参照步骤(1)进行曲线美化,得到美化后的幅度差 DiffMagnitude 曲线图,如图 5.125 所示;类似地,在项目管理器的工程管理区双击 Graph3,打开生成的相位差 DiffPhase 曲线图,参照步骤(1)进行曲线美化,得到美化后的相位差 DiffPhase 曲线图,如图 5.126 所示。

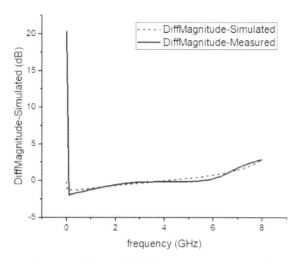

图 5.125　美化后的幅度差 DiffMagnitude 曲线图

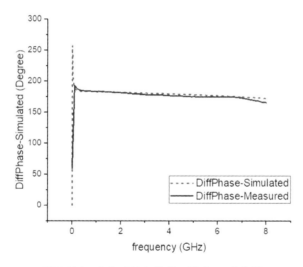

图 5.126　美化后的相位差 DiffPhase 曲线图

3. 美化显示窗口

（1）在项目管理器的工程管理区双击 Graph1，重新打开 S 参数曲线图。双击坐标轴，弹出坐标轴修改窗口，如图 5.127 所示。选择【Scale】选项卡，修改横纵坐标的范围。先选择【Horizontal】修改 X 坐标轴，将其起始值（From）设置为 0，终止值（To）设置为 8，主刻度类型【Major Ticks】→【Type】栏设置为 "By Increment"，增量值（Value）设置为 1，次刻度类型【Minor Ticks】→

【Type】栏设置为"By Counts",数量值【Count】栏设置为 1,如图 5.128 所示。类似地,选择【Vertical】,按照图 5.129 所示修改 Y 坐标轴。

图 5.127　坐标轴修改窗口

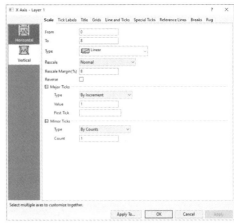

图 5.128　修改 X 坐标轴

（2）选择【Line and Ticks】选项卡,修改轴线和刻度线。选择【Top】,选中【Show Line and Ticks】选项,为曲线图添加坐标;在【Major Ticks】→【Style】栏中选择主刻度类型为"None",即不显示主刻度;在【Minor Ticks】→【Style】栏中选择次刻度类型为"None",即不显示次刻度;其他保持默认设置,如图 5.130 所示;类似地,选择【Right】,为曲线图添加右坐标,并完成类似的修改。全部完成后,单击【OK】按钮保存修改,得到的 S 参数曲线图如图 5.131 所示。

图 5.129　修改 Y 坐标轴

图 5.130　修改坐标轴

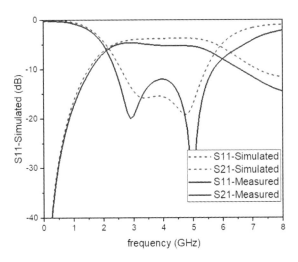

图 5.131 修改坐标轴后的 S 参数曲线图

（3）选中绘图中的曲线标注，单击鼠标右键，在弹出的菜单中选择【Properties...】，弹出如图 5.132 所示的文本对象对话框。选择【Text】选项卡，在此可以设置各曲线的标注信息及其字体类型、大小等，也可使用 N B I U x² x₂ αβ Ā Ã Â 等工具对标注信息进行设置（如 x²、x₂ 用于添加上、下标等）；按图 5.133 所示设置曲线的标注信息。选择【Frame】选项卡，设置曲线标注框边框。在【Frame】的下拉菜单中选择"Shadow"（即阴影），其他保持默认设置，如图 5.134 所示。设置完成后，单击【OK】按钮保存修改。另外，用鼠标左键长按曲线标注框可移动其位置。标注后的 S 参数曲线图如图 5.135 所示。

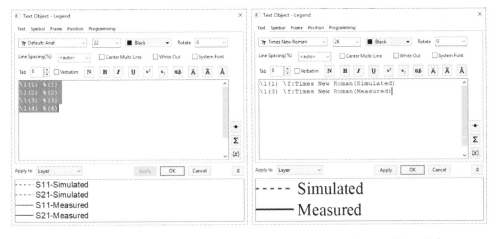

图 5.132 文本对象对话框　　　　　图 5.133 修改曲线标注信息

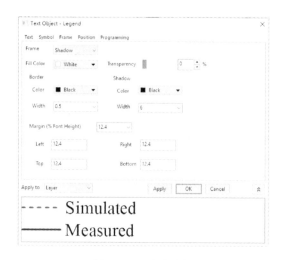

图 5.134 设置边框

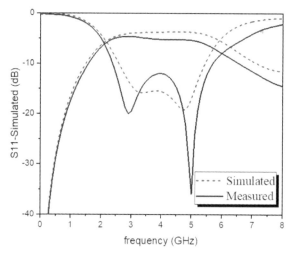

图 5.135 标注后的 S 参数曲线图

（4）选中横坐标信息框，单击鼠标右键，在弹出的菜单中选择【Properties...】，打开文本对象对话框，在【Text】选项卡中设置标注信息为"Frequency (GHz)"，字体类型为"Times New Roman"，大小为 26，单击【OK】按钮保存设置；类似地，选中纵坐标信息框，单击鼠标右键，在弹出的菜单中选择【Properties...】，打开文本对象对话框，在【Text】选项卡中设置标注信息为"S-parameters (dB)"，字体类型为"Times New Roman"，大小为 26，将"S"设置为斜体，单击【OK】按钮保存设置。标注横/纵坐标信息的 S 参数曲线图如图 5.136 所示。

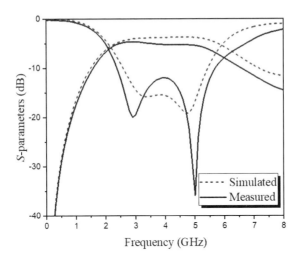

图 5.136 标注横/纵坐标信息的 S 参数曲线图

（5）插入曲线标识。如图 5.137 所示，在左侧工具栏中单击【Circle Tool】图标 ◯，在绘图区插入一个圆形；选中该圆形，单击鼠标右键，在弹出的菜单中选择【Properties...】，打开对象属性对话框，如图 5.138 所示。选择【Border】选项卡，将边界宽【Width】栏设置为 2.5；选择【Fill】选项卡，在【Fill Color】栏中选择填充颜色为"None"，即不填充；其他保持默认设置，如图 5.139 所示。设置完成后，单击【OK】按钮保存设置，用鼠标左键长按该圆形，将其移动到 S_{11} 两条曲线的位置。

图 5.137 工具栏选项　　　　　图 5.138 对象属性对话框

（6）在左侧工具栏中单击【Text Tool】图标 **T**，在绘图区单击鼠标左键插入一个文本框，输入"|S11|"，选中文本框，单击鼠标右键，在弹出的菜单中选择【Properties...】，打开文本对象对话框，选择【Text】选项卡，设置字体类型为"Times New Roman"，大小为 26，将"S"设置为斜体，将"11"设置为下标；设置完成后，单击【OK】按钮保存设置。然后，用鼠标左键长按该文本框，将其移动到步骤（5）插入的圆形附近对 S_{11} 两条曲线进行标识。

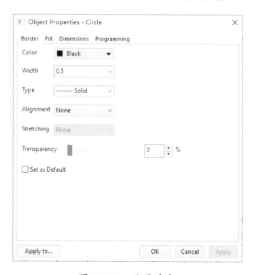

图 5.139　设置填充

（7）类似地，为 S_{21} 两条曲线插入圆形和文本框标识。最终得到的 S 参数曲线图如图 5.140 所示。

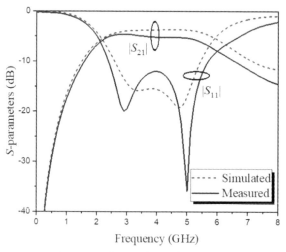

图 5.140　最终得到的 S 参数曲线图

（8）类似地，在项目管理器的工程管理区依次双击 Graph2 和 Graph3，参照上述步骤完成对幅度差 DiffMagnitude 曲线图和相位差 DiffPhase 曲线图显示窗口的美化，最终得到的幅度差 DiffMagnitude 曲线图和相位差 DiffPhase 曲线图如图 5.141 和图 5.142 所示。

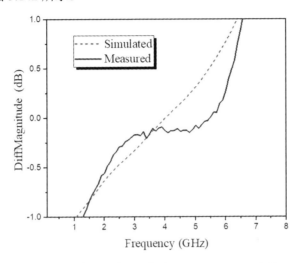

图 5.141　最终得到的幅度差 DiffMagnitude 曲线图

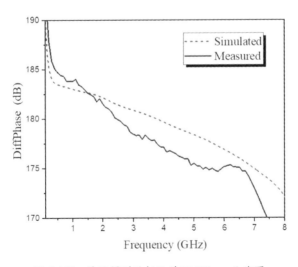

图 5.142　最终得到的相位差 DiffPhase 曲线图

4．图形输出

曲线图绘制完成后，可进行多种格式的图形输出。执行菜单命令【File】→

【Export Graphs...】，弹出如图 5.143 所示的对话框，在此可以设置图片类型（Image Type）、文件名称（File Name）和文件保存路径（Path），单击【OK】按钮即可完成图形输出。

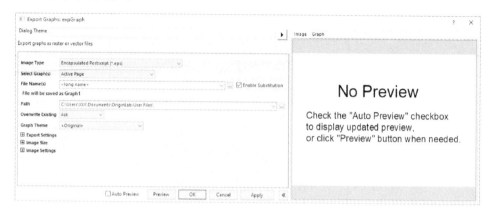

图 5.143　导出图形对话框

参 考 文 献

[1] 谢小强, 徐跃杭, 夏雷. 微波集成电路[M]. 北京：电子工业出版社, 2018.

[2] 顾其铮, 项家桢, 袁孝康. 微波集成电路设计[M]. 北京：人民邮电出版社, 1978.

[3] 李缉熙. 射频电路与芯片设计要点（中文版）[M]. 王志功译. 北京：高等教育出版社, 2007.

[4] 徐兴福. ADS2011 射频电路设计与仿真实例[M]. 北京：电子工业出版社, 2014.

[5] 黄玉兰. ADS 射频电路设计基础与典型应用[M]. 2 版. 北京：人民邮电出版社, 2015.

[6] 陈铖颖. ADS 射频电路设计与仿真从入门到精通[M]. 北京：电子工业出版社, 2013.

[7] 冯新宇, 寇晓静. ADS 射频电路设计与仿真入门及应用实例[M]. 北京：电子工业出版社, 2014.

[8] 方安平, 叶卫平. Origin 8.0 实用指南[M]. 北京：机械工业出版社, 2009.

[9] 张建伟. Origin 9.0 科技绘图与数据分析超级学习手册[M]. 北京：人民邮电出版社, 2014.

[10] Kong M，Wu Y，Zhuang Z，et al. Ultra-miniaturized Balanced Bandpass Filter Using GaAs-based Integrated Passive Device Technology[C]// IEEE MTT-S Int. Wireless Symp. Dig., Guangzhou, China, May 2019：1-3.

[11] Zhang B，Wu Y，Liu Y. Wideband Single-Ended and Differential Bandpass Filters Based on Terminated Coupled Line Structures[J]. IEEE Trans. Microw. Theory Techn.，2017, 65(3)：761-774.

[12] Wu Y，Cui L，Zhuang Z，et al. A Simple Planar Dual-Band Bandpass Filter With Multiple Transmission Poles and Zeros[J]. IEEE Trans. Circuits Syst. II, Exp. Briefs，2018, 65(1)：56-60.

[13] Wu Y，Cui L，Zhang W，et al. High Performance Single-Ended Wideband and Balanced Bandpass Filters Loaded With Stepped-Impedance Stubs[J]. IEEE Access，2017, 5：5972-5981.

[14] Guo Z C，Zhu L，Wong S W. A Quantitative Approach for Direct Synthesis of Bandpass Filters Composed of Transversal Resonators[J]. IEEE Trans. Circuits Syst. II, Exp. Briefs，2019, 66(4)：577-581.

[15] Zhuang Z，Wu Y，Liu Y，et al. Wideband Bandpass-to-All-Stop Reconfigurable Filtering Power Divider With Bandwidth Control and All-Passband Isolation[J]. IET Microw. Antennas Propag.，2018, 12(11)：1852-1858.

[16] Kong M，Wu Y，Zhuang Z，et al. Ultra-Miniaturized Wideband Input-Absorptive Bandstop Filter Based on TFIPD Technology[J]. IEEE Trans. Circuits Syst. II, Exp. Briefs，2021, 68(7)：2414-2418.

[17] Kong M, Wu Y, Zhuang Z, et al. Ultraminiaturized Wideband Quasi-Chebyshev/-EllipticImpedance-Transforming Power Divider Based on Integrated Passive Device Technology[J]. IEEE Trans. Plasma Sci., 2020,48(4): 858-866.

[18] Yang Y, Wu Y, Zhuang Z, et al. An Ultraminiaturized Bandpass Filtering Marchand Balun Chip With Spiral Coupled Lines Based on GaAs Integrated Passive Device Technology[J]. IEEE Trans. Plasma Sci., 2020,48(9): 3067-3075.